The
Undiscovered
Self

未发现的
自我

C.G. Jung

［瑞士］卡尔·古斯塔夫·荣格　著

张敦福　译

东方出版中心

图书在版编目（CIP）数据

未发现的自我 /（瑞士）卡尔·古斯塔夫·荣格著；
张敦福译. － 上海：东方出版中心, 2021.1（2025.3重印）
ISBN 978-7-5473-1749-5

Ⅰ . ①未… Ⅱ . ①卡… ②张… Ⅲ . ①精神分析 － 研
究 Ⅳ . ①B84-065

中国版本图书馆CIP数据核字（2020）第261967号

未发现的自我

著　　者　　[瑞士] 卡尔·古斯塔夫·荣格
译　　者　　张敦福
责任编辑　　陈哲泓　戴浴宇
装帧设计　　徐　翔

出版发行　东方出版中心
地　　址　上海市仙霞路345号
邮政编码　200336
电　　话　021－62417400
印 刷 者　上海万卷印刷股份有限公司

开　　本　890mm×1240mm　1/32
印　　张　4.5
字　　数　57千字
版　　次　2021年3月第1版
印　　次　2025年3月第3次印刷
定　　价　35.00元

版权所有　侵权必究
如图书有印装质量问题，请寄回本社出版部调换或拨打021-62597596联系。

献给我的朋友

弗勒·麦考米克

（Fowler McCormick）

目

录

第一章

现代社会中个人的困境

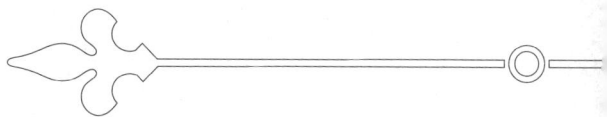

未来将会给我们带来什么？从难以追忆的远古时代至今，尽管程度有所不同，这个问题一直困扰着人们的心灵。从历史的眼光看，当人们陷入困境，尤其是当人们在物质上、政治上、经济上和精神上陷入困境的时候，他们便怀着焦虑的心情，把希望的眼光投向未来，并且与日俱增地期待着乌托邦观念和天启空想。例如，在纪元之初的奥古斯都时代，人们不免对千年至福充满期待和想象；在人类的第一个千年盛世结束之际，人们自然会对西方精神世界发生的各种变化加以深思。今天，由于人类的第二个千年盛世也即将走向终结，我们又重新生活在一个到处弥漫着各种令人沮丧的天启意象的时代里，这些天启意象昭示世人：宇宙的毁灭即将来临。那种以"铁幕"为标志而将人类划成两大阵营的分裂究竟意味着什么？如果氢弹开始爆炸，或者说如果国家极端主义的精神、道德阴影笼罩了整个欧洲，我们的文明和人类自身发展将面临怎样的前景？

我们没有任何理由对这种世纪末的恐怖和威胁掉以轻心。在当前西方的每一寸土地上，到处都有一些专门从事颠覆暴动的少数人，这些人在人道主义和正义感的庇护之下，煽风点火、蛊惑人心，而且只有当广大群众结成完全一致的、相当睿智的、在心理上十分巩固的社会基础（stratum）之时，才可以对这少数人形成限制。除此之外，任何社会力量都无法阻止这些说教的泛滥和传播。不过，我们切切不可过高地估计这种社会基础。由于各民族气质的差异，一个国家和另一个国家的社会基础也就相去甚远。与此同时，在某些地区，这个社会基础还与公民的教育息息相关，并深受某些令人烦忧的政治因素和经济因素的影响。就拿公民投票来说吧，人们可以乐观地把某次投票中投赞成票的选民比例估计到40%左右。但是，我们也不能否认，其中还可能会有另一种更为悲观的估计，因为推理的才能和批评性的思考并不是人类的杰出特征；而且即便如此，事实也证明它是摇摆不定的，以至于我们通常看到的情景是，政治集团愈是庞大，摇摆不定的特征就愈显著。其实，群众常常会把可能存在于个人身上的独特眼光和独到见解消磨殆尽，这样一来，如果有朝一日，国家政体变得软弱不堪，那么必然会走向教条主义和专制独裁。

在既定情景下，只有当人们的情绪没有超过某种严格的限定之时，理性的探讨才能得以进行，才可能获得成功。如果情感的激烈程度高于这个水准，理性便很可能丧失一切功能，而且被空洞的口号和不切实际的幻想所取代。也就是说，一种集体所有物就会应运而生，而这种集体所有物很快地便会发展成为一种精神流行病。在这种情况下，所有仅仅能为理性法则所容忍的那些社会因素就达到了登峰造极的地步。这类人在监狱里和疯人院里比比皆是，根本不足为奇。据我估计，每有一个显性的精神病病例，至少就有 10 个潜在的病例，这些潜在的病情一般很少公开爆发，但是，他们的观念和行为尽管表面看来符合正常状态，却不知觉地要受到病态因素和邪恶因素的影响。当然，由于各种可以理解的原因，关于潜在的精神病的发病率，我们现在还没有医学统计数据。然而，即使这个数字尚未达到显见精神病现象与显见犯罪现象的 10 倍，他们所代表的相对较小的人数比例，也会因为这些潜在的精神病人所具有的特别严重的危险性而应该得到更多的重视。这些潜在的精神病人的精神状态属于集体冲动型，深受情感判断和愿望幻想的支配。在"集体所有"的状态下，他们适应得很顺利，从随遇而安，进而感到闲适自在。从自己的经验中，他们学习并掌握了这种环境的语言，并且逐渐懂得如何应付这种环境。而且，经由那些盲目的怨恨所激励的不切实际的空想，他们诉诸集体非理性，并且在那里找到了自己滋生的土壤，因为这些空想表达了潜伏在那些貌似理性与睿智的正常人心灵深处的一切动机和一切怨恨。因此，尽管从总人数中的比例看，这些潜在的精神病人寥寥无几，但是他们显然会成为十分危险的传染病病源，因为那些所谓正常人在自我认识的能力方面极其有限，绝大多数人会把"自我的知识"（self-knowledge）与他们的个性特征混为一谈。任何一个具有完全自我意识的人都以为他理所当然地了解自己。然而，自我（ego）只了解其本身的内涵，而对无意识及其内在含义茫然无知。人们通常总是习惯于按照社会环境中一般人了解自己的尺度，而不是按照大多隐藏在他们之外的精神事实，来衡量他们的自我知识。在这一方面，这些心理行为的运作犹如人体的生理结构和组织结构的机制，而凡夫俗子对此了解甚少。尽管人们生活在这种结构之中，并与之朝夕相处，但是，门外汉对其中的绝大部分却茫然无知。所以，现在就需要用专门的科学知识来介绍意识与众所周知的关于个体的知识的关系，尤其需要介绍意识与那些虽然目前鲜为人知、却依然存在的知识的关系。

因而，人们通常所说的"自知"，实际上是一种非常有限的知识，其中的绝大部分都是由仍然存活于人类精神世界中的各种社会因素决定的。正是由于这个原因，人们才会存在一种偏见，总是认为这样或那样的事情不会"落在我们头上"，不会发生在"我们家里"，不会出现在我们的亲朋好友或新识故旧之中；然而另一方面，我们常常又会在无意之中产生各种与这种偏见相左的虚无缥缈的假想，这些假想只能把客观存在的事实掩盖起来。

在无意识——这里的无意识不受意识批评和意识控制的影响——的广阔天地里，我们毫不设防，孤立无援，很容易接受各种影响，很容易患上精神传染病。对所有的危险情况来说，只有当我们清醒地知道究竟是什么东西向我们迎头袭来，这种危害来自何处、何时降临以及如何侵害我们的时候，我们才能够想方设法抵御这种精神传染病。由于自知在本质上是一个企图了解个体事实的问题，理论在这方面毫无用武之地。因此，理论的普遍有效性愈强，它对这些个体事实作出应付的能力就愈差。任何以经验为基础的理论，都必然是统计性的，也就是说，这种理论总是提出一种理念上的平均值——这个平均值又总是将天平两端的所有例外数值平衡下去，并且用一个抽象的平均数取而代之；而在现实世界里，这个抽象的平均数不一定就存在，尽管它在理论上相当有效。即使如此，作为一个不容否认的基本事实，它在一切理论中都有自己的一席之地。两个极端上的那些例外都同样有事实根据，但是，这些例外根本不可能以最终结果的形式出现，因为它们在这个平均化过程中互相抵消掉了。例如，如果我确切地知道一堆鹅卵石中每块石头的重量，并且已经求出它们的平均重量是 145 克，这并不意味着我已经清楚这些鹅卵石的真实性质。基于上述发现，任何一个认为他第一次尝试就能捡到一块 145 克的鹅卵石的人，结果一定会感到非常失望。因为，实际上的情况往往是这样的：不论他寻觅多久，他很可能永远找不到一块正好是 145 克的鹅卵石。

统计方法是善于从理念平均值的观点出发来说明客观事实的一种方法，但实际上，这种方法并不能真实全面地给我们描述那些经验事实。统计方法固然对现实中的某个无可争辩的事实有所反映，但它往往会以最容易使人误解的方式来虚构客观事实，以统计为基础的理论尤其是如此。不管怎样，真实世界的显著特征在于事实的个性化。如果要给实际情况下一个不太精确的定义，那么我们可以说，实际情况只不过是由各种例外所构成的一种状态而已。因此，绝对的真实首先具有不规则的特点。

一旦谈到某种对于自知具有指导意义的理论时，我们心中必须牢记以上各项要点。实际上并没有，也不可能有以理论假设为基础的自知，因为自知的对象是一个个人——即上述所说的一种相对的例外，一种不规则的现象。所以说，赋予个人特点的并不是普遍性和规律性的东西，而是为个人所独有的东西。因此，我们不应该把个人理解成为一个周期性出现的单元，而应该把他看作是一个既单一又独特的存在，而且经过分析，我们最后可以发现，个人既不可知，又不可能与其他的任何事物进行比较。与此同时，作为一个物种的成员，它可以被当作，也必须被当作一个统计单元来看待，否则，我们就无法对人类进行一般的概述了。出于这个目的，就必须把人作为一个比较单元，与其他物种进行比较。这样就产生了一种普遍的行之有效的人类学或心理学智识。而这样一来，作为一种平均单元，人也就有了一幅抽象的画面，只不过在这抽象过程之中，个体的一切特征都消失殆尽了。然而，正是个人的这些个性特征，才对我们理解人类具有极其重要的意义。如果我们打算了解一个具体的人，就必须把关于一般人的科学知识置诸脑后，并且要抛弃所有的理论概念，以便我们采取一种全新的、毫无偏见的态度来完成这一过程。如果我要完成理解一个人的使命，我必须有一个自由的、开放的心灵，其中对人的知识，抑或对人的特性的洞察，构成了关于人类总体的各种普遍性知识的先决条件。

现在，不管是理解一个具体的个人，还是理解有关自我的知识，我都必须把所有的理论设想弃之脑后。由于科学知识不仅被誉为普遍尊重的原则，而且在现代人眼里，它还被当作独一无二的知识权威和精神权威。所以，在理解具体的个人时，我就不得不"大逆不道"了，也就是说，我只好对那些科学知识视而不见了。其实，这也并非一种轻而易举就能作出的牺牲，因为科学态度难以不费吹灰之力地使它自己摆脱责任感。而且，如果这位心理学家恰巧是心理医生，他就不但要对他的病人进行科学分类，还要把自己的病人当作一个具体的人来理解，那么他就不得不面对因工作责任冲突所带来的巨大压力。这种冲突一方面是对科学知识所特有的态度，而另一方面是理解他的病人的愿望。两者之间完全对立、互相排斥。实际上，这种冲突和对立不可能通过任选其一的方法来解决，而只能通过一种双向思维——即在思维过程中不要顾此失彼，而要彼此兼顾——的方法来解决。

　　大体上说来，人类知识具有某些积极优势，而他们在理解能力方面表现出明显的不足。就这样的事实而论，我们得出的判断便成了某种似是而非、有些自相矛盾的悖论。其实，在科学的判断中，个人只不过是一个总在永无休止地重复自己的个体而已，而且可以用字母表中随机选择的任何一个字母来命名这个个人。此外，在理解的意义上，个人则变成了一个独一无二的个性存在，这种个人在被剥去了那些使科学家内心非常珍视的一致性和规律性的时候，就完全是一个至高无上的个体存在和唯一真实的研究对象。最为重要的是，医生应当意识到这样一种矛盾。一方面，他具备科学训练所赋予他的统计真理；另一方面，他又面临着治疗病人，尤其是治疗精神病患者的任务，而所有这些治病救人的工作都十分需要个人的理解。所以，治疗越是按部就班、循规蹈矩地进行，在病人身上所引起的抗拒心理就越强（这种效应通常是立竿见影的），而且治疗的效果也就越差，后果越糟糕。精神病治疗专家发现，不管他们自己愿意还是不愿意，需要还是不需要，他们都要被迫把病人的个性当作一种基本事实来对待，并且依此来安排病人的治疗方案。现在，在整个医学领域里，人们已经承认，医生的任务就在于治疗一个特定的病人，而不是治疗一种抽象的疾病。

上述关于医学的论述，仅仅是一般的教育问题和教养问题中一个非常特别的例子。科学的教育主要是以统计真理和抽象知识为基础的，因而它对世界的描绘是一幅理性的不真实的画面。在这幅画里，仅仅作为一种边缘现象的个人，完全如沧海一粟，不起任何作用。不过，作为一种非理性存在的个人，却是客观存在的真实而可靠的载体，是许多科学论述所指的那种与非真实的理想人或者正常人相对立的具体的人。更为重要的是，绝大多数自然科学都在企图纯客观化地表述它们的研究成果，似乎这些成果的得出毫无人的参与和观察，似乎在这些成果的产生过程中，人的精神——一种在科学研究中须臾不可缺少的因素——的合作可以视而不见（在这一方面，现代物理学是个例外，它承认被观察到的客体并不能脱离观察者主体而独立存在）。因此，在这种意义上，也可以说，科学也给世界描绘了一幅图画，但在这幅图画里，生动的、真实的人的精神似乎被排除在外了。其实，这恰恰是对"人性"的货真价实的反对。

事实上，在科学假设的影响下，不但人的精神，而且每一个个人，甚至所有个体存在（无论其具体情况如何），统统都被拉平了、均等化了，统统被混淆得模糊不清了。结果，现实的画面被扭曲成了一个概念化的平均值。我们不应过分低估统计性的世界图景所具有的那种心理效果，它使得一些匿名的单元取代了个人的位置，这些单元堆砌起来，就形成群众组织。科学给我们提供的不是具体的个人，与之相反，而是各种组织机构的名称，其最高的层次就是作为政治现实原则的国家这个抽象的观念。如此看来，个人的道德责任就不可避免地被国家政策所取代了。于是，你便失去了个人道德和个人心理方面的特殊性，而只是津津乐道于公共福利的获得和生活标准的提高。于是，个人生活的目标和意义（这是唯一真实的生活）便不再存在于个性的发展之中，而是存在于国家的政策之中，这种国家政策虽然是强加在个人头上的身外之物，是一种抽象人的观念，却要对人类发挥重大的作用，其最终目的是要把生活的所有内容都吸引到自己身边来。于是，个人便被一步一步地剥夺了作出诸如他自己应该怎样生活的道德选择的权力。作为一个社会个体，他反而被统治着、被供养着，穿衣戴帽受制于别人，接受别人的教育，并且被别人安排在某一单元住房里，按照那些给众人提供娱乐、提供满足的标准而获得娱乐。至于统治者，他们和被统治者一样，都只不过是社会的构成单元；唯一的区别是，他们是国家正统观念的代理和化身。因此，他们无须成为能够作出独立判断的人物，而是成为一旦离开了他们的职业范围就完全陷于无用无能之中的彻头彻尾的专家。因为对他们来说，应当教什么、学什么，都是由国家政策决定的。

至于表面上看来是全知全能的国家正统观念本身，则是由那些在政府部门占据最高职位的人，以国家政策的名义来操纵着。在这里，一切权力都集中了起来。任何一个人，不管他是通过选举，抑或是通过偶然的机遇，只要他爬上权力的阶梯并身居高位，那么他就不再卑躬屈膝于世间的任何权威了。因为这样一来，他就成了国家政策的化身，而且在这种情况下，他还可以按照自己的判断来自由地处理所有国家事务。在路易十四的统治下，他就可以说："朕即国家。"这样，他就是当时举国上下唯一的一个人，或者说无论从任何意义上讲，他都是为数极少的个人中的一员，只有这极少数人明白如何把他们自己和国家正统观念区分开来，并可以充分发挥他们的个性。不过，他们仿佛是他们自己所编造的故事中的奴隶。这种片面性常常在人的心理上导致不知不觉的颠覆倾向。而奴役和造反是这种倾向中的两个既无法分开又互相关联的因素。因此，权力、竞争和被夸大了的不信任感，便自上而下地弥漫于整个国家机体之中。更有甚者，为了弥补这种混乱不堪的非稳定状态，群众中总是要产生出一位"首领"，而这位首领又总是不可避免地要变成被他鼓吹起来的自我意识的牺牲品。在人类历史上，这类例子不胜枚举，这些事例给我们呈现的正是这种情况。

通常的逻辑规律是，一旦个人与别人群集起来并且日趋陈腐之时，变化的产生就在所难免了。广大群众的凝聚将会使个人的个性消失殆尽，除此之外，科学的理性主义是从心理上造成这种群众心理状态和倾向的一个重要因素，因为正是科学理性主义剥夺了个人存在的基础和尊严。于是，作为一个社会单元的个人，在这里便丧失了自己的个性，而变成了一个抽象的官方统计数字，他只能扮演一个没有任何意义、作用微乎其微的可以互换的个体角色。用理性主义的眼光，或者用旁观者的眼光来看，个人只不过是个平民百姓而已，而且从这一观点出发，要继续谈个人的价值和意义，似乎是非常荒唐可笑的。但是，当与此相反的事实显而易见的时候，我们就很难想象一个人怎么会在个人生活之中被赋予如此之多的尊严了。

根据科学理性主义观点可知，个人的重要性确实是微不足道的，而且，对于这种观点持不同见解的任何一个人，都会在争论中发现自己是理屈词穷的。个人常常感到，他自己，或者他的家庭成员，或者在他的生活圈子里受人尊敬的朋友们都非常杰出、非常重要。这个事实只能说明，他的感觉纯粹属于某种可笑的主观确信，因为若与一万、十万乃至成千上百万个个人相比，一两个人又算得了什么呢？这个问题使我想起了一件事：有一次，我和一位多思善辩的朋友穿行于一大群人里，边走边辩论。突然，他大声对我说："在这些人身上，你已经找到了最令人信服的理由来说明你对永生的怀疑了：所有这些人都渴望着永生！"

群体聚集得规模越大，个体就变得越加渺小。然而，倘若个人被他自己的渺小感和柔弱感所征服、所压倒，倘若他切实地感到自己的生活——这种生活毕竟不能与公共福利以及更高的生活标准相提并论或混为一谈——丧失了它的意义，那么他实际上就已经踏上了通往国家奴役的道路，而且由于个人并不了解也不需要这种国家奴役，所以与此同时，他便也成了国家奴役的叛逆。一个只是往外看，而且在大庭广众面前畏缩不前的人，根本不可能以此与他的感觉和理智进行斗争。但是，这种情况却正好发生在今天，我们现在都被统计真理和庞大的数字吓倒、威慑住了，而且每时每刻都有人告诉我们，根本就不存在什么人的个性，人的个性是毫无价值的，因为任何群众组织既不能代表个人的个性，也没有把它体现出来。与此恰恰相反的是，对于不加批判的公众来说，那些在世界舞台上崭露头角、驰名四海的大人物，却是某个群众运动或某个大众思潮的产儿。正是由于这个缘故，人们要么为这些大人物欢呼鼓掌，要么憎恶和唾弃他们。而且由于群众的思想在这里居于主导地位，这些大人物究竟是为了对他们自己负责而真切地表达了他们自己的心声呢，还是仅仅作为群众思想的传声筒？这仍然是个未能解决的问题。

对个人来说，在这种情况之下，就难怪他对自己的判断愈来愈难以确定了。他的责任心也尽可能地被集体化了，换言之，个人抛弃了责任心，并把他交付给了集体组织。就此而论，个人就愈来愈具备了一种社会功能，反过来，这种社会功能又剥夺了个人作为真实生活载体的功能，而社会只不过是一种抽象的观念而已。在这里，社会和国家都被实体化了，也就是说，社会和国家都获得了自己的自主性。国家尤其如此。它成了一个仿佛有生命、有个性的实体，人们可以从中获得自己所需要的一切。实际上，国家只是那些谙熟怎样操纵它的人的一个幌子。因此，制度化的国家就不知不觉地步入社会情景的原始形式，即原始部落式的共产主义，在这种形式的社会里，每个人都必须顺从一位酋长或者一个寡头政体的专制统治。

第二章

可与群众观念相抗衡的宗教

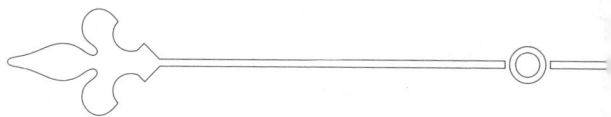

为了把主权国家的拟制——即是说，那些国家操纵者头脑里的国家观念——从各种实际上是有益的约束中解放出来，所有旨在达到这一目的而进行的社会政治运动，都有一个恒久不变的特征，那就是千方百计地去破坏宗教的基础，切断宗教对个人生活的影响。这是因为，如果要把个人转化成为国家功能的一部分，成为国家机器上的一颗螺丝钉，就必须将个人对除国家之外的任何别的事物的依赖完全、彻底地清除干净。但是，我们应该看到，宗教即意味着对非理性的经验事实的依赖和顺从。虽然这些经验事实并没有直接地指明各种社会条件和物质条件，但是它们所包含的内容和范围要比个人的精神态度宏大得多。

只有在生活的这些外在条件之外还存在着一个参照系的

时候，我们才有可能对这种生活采取某种态度。而各种宗教所提供的，或者它们宣称能提供的，正是这样一个参照系，因而才能够赋予人们作出判断的能力和作出决定的力量。它们常常要建立一块属于自己的领地，以此来对抗那种不但显而易见而且无所不在、难以避免的环境压迫；否则，他们就要在这种环境的压迫之下失去内在的世界，除了作为公共场所的这个外部世界之外毫无自己的立锥之地。如果说统计真实是唯一的真实，那么这个现实也就构成了唯一的权威。因此，在我们周围就只有一种条件存在，而且正是由于没有相反的条件存在，个人的判断和决定就不只是不必要的，而且是根本不可能的。于是，个人就必然只在统计意义上发挥一切功能，因而也只能是一种对国家而言有用的功能，或者说是任何一种能叫得出名堂的社会秩序的抽象原则的功能。

而宗教则教给人们另一种与"尘世"权威截然不同的权威。两相比较可知，个人依赖于上帝，这样的教义与世俗的学说一样，都向人们提出一种很高的要求。有时，甚至会出现这种现象：这种宗教要求的绝对性能够使一个人疏远尘世生活，其情其景与他屈从于集体心理、疏远自我的情景完全相同。在前一种情况下，由于宗教教义的缘故，个人所失去的判断能力与决定力量，可以与后一种情况等量齐观。除非宗教向国家妥协，这将是所有西方的宗教所公开追求的目标。而一旦宗教向国家妥协了，那么我与其称之为"宗教"，还不如把它叫作"信条"。所谓信条，表达的是某种确定无疑的集体信仰，而宗教一词，则表示着人与现实的某种具有形而上学性质的、超越所有世俗因素的主观关系。广而言之，信条是一种主要着眼于尘世生活的信仰，因此它属于一种干预现实、介入现实的东西；而宗教的目的和意义却在于个人与（基督教的、犹太教的抑或是伊斯兰教的）上帝之间的关系，或者是个人与（佛教的）超度之路和解放之路的关系。所有的伦理学理论都是从这一基本事实中派生出来的。倘若在上帝面前不存在任何个人的责任，那么，这些伦理学观念充其量也只能被称为传统的道德而已。

由于世俗的现实妥协，宗教信条便随之发现，不得不对它们自己的观点、教义和习惯不断进行整理加工，把它们编纂成为法典，而且当宗教信条这样做的时候，它们也就把自己外在化到这样一种程度，以致它本身所包含的那些真实可靠的宗教因素——即与超越现实的参照系之间所存在的那种活生生的面对面的接触和关注——全都被推到了幕后。在宗教上持有宗派立场的人，就会用传统教义的尺度来衡量主观性的宗教关系的价值和重要性，与此同时，如果这种情况的发生不那么频繁，比如像在新教国家里所呈现的那样，那么任何一个人，只要宣称他得到了上帝的指导并且按照上帝的旨意行事，他马上就会被别人冠以虔信主义者、宗派主义者、信奉邪教的异类和怪人等诸如此类的称呼。因而，信条与建制的教会总是相辅相成地结合在一起。换言之，信条无论如何都会形成某种公众制度和公共机构，其成员不但包括真正的宗教信仰者，还包括为数众多、对宗教事务的态度只能说是"漠不关心"的人。这后一部分人信教，不是出于内心宗教信仰的驱动，只是习惯使然而已。在这里，信条与宗教之间的差异就彰明较著了。

因而可以说，对于某种信条的追随，并不总是一个宗教上的问题，更为经常发生的是，它是一个社会意义上的问题。因此，坚守某个信条本身根本不可能给个人提供任何生存的根基。当然，为了寻求支持和帮助，个人就必须心无旁骛地依赖于他与某种权威的关系，尽管这个权威根本不属于我们这个世界。然而，这里的标准并不是某种信条服务的口头许诺，而是一种心理事实，即个人的生活既不由自我及其思想观念所左右，也不取决于种种社会因素，而绝大部分地——如果不是完全地——取决于超越现实世界的权威。也就是说，为个人的自由和自主性奠定基础的，既不是众说纷纭的伦理原则（不管它们多么高尚），也不是形形色色的宗教信念（不管它们多么正统），这个基础仅仅是，也只能是经验性的感知，是那种具有强烈个人色彩的、无可辩驳的体验，是那种存在于个人与超越世俗性的权威之间的互惠关系，而这种关系则常常在"尘世"及其"理性"之间发挥着平衡与中和的作用。

应当坦诚地说，这样的论述既不能取悦普通大众，也不能取悦那些集体主义的信奉者。对于普通大众来说，国家政策是个人思想和行动至高无上的原则，事实上，这正是社会教导个人的生活目的。进而，这些普通大众仅仅赋予个人这样一种生存权利，即严格地把个人的作用限定在国家职能的范围之内，成为国家机器的一个螺丝钉，而不许个人越雷池一步。另外，集体主义的信奉者在认可国家具有道德权利和实际权利的同时，也坦然地承认，他们还相信不但个人，而且就是统治个人的国家也都必须服从上帝的统治。因此倘若有什么疑难问题的话，那么将会由上帝而不是由国家作出最后的定夺。至于人类的现象世界，以及广义上的自然界，即所谓"尘世"，它究竟是不是上帝的"对立物"，由于我并不想冒昧地作出任何形而上学的判断，所以就只好把这一问题留待公众去解答了。在这里我只能指出一个事实：在上帝与尘世这两种经验领域之间存在着的心理对立，不仅可以在《圣经·新约》中找到证据，而且即便是在今天，还能通过独裁国家对宗教的否定态度以及教会对无神论和唯物主义的否定态度而得到确证。

人是一种社会存在，正是由于这个缘故，所以不与社会发生关系，他就不可能生存下去。因此，除非遵循某种超越现实的原则——这种原则能够与外部世界的强大影响力相匹敌，否则，个人就永远无法为自己的生存和自己精神上的自主性与道德观提供任何现实的说明。简言之，不皈依于上帝的个人根本不可能凭借自身的力量来抵御尘世生活在物质上和精神上的诱惑。于是，为了抵御尘世的诱惑，个人在内心深处就需要有一种超越尘世的经验，一种能够保护他独立自主的经验，否则他将不可避免地要服从于群众意志，为外物左右而走上人云亦云的歧途。易受大众传播工具影响的普通人往往冥顽不灵而且毫无道德责任感，只要对这种现象从智力方面和道德方面稍作洞察，就会得到一种令人沮丧的认识，即它充其量不过是在个人原子化道路上蹒跚学步而已。而且由于这种认识还仅仅是理性的产物，所以它也缺乏宗教判决所具有的那种驱动力量。与中产阶级相比，独裁国家具有一个更为强大的优势，也就是说，在对待个人的问题上，它可以将个人身上的宗教力量吞噬得一干二净。从这一角度来看，就是国家取代了上帝，这种现象便是为什么说独裁是一种宗教而国家奴役则是一种崇拜的根本原因。但是，倘若不是由于个人心中已经对上帝有所怀疑的话——其实这种深藏于个人心中的怀疑一旦出现就会立即受到压制，以免它与日趋流行的群众心理态势发生冲突——那么宗教的功能就根本不可能为这种取代方式所混淆、所篡改。这里，常常是用狂热和狂信给予过分的补偿，狂热和狂信就成了足以扑灭哪怕是微不足道的对立思想的有效武器。这是在出现怀疑思想时通常会出现的一种结果。于是，自由的意见受到了窒息，道德的判断受到了无情的压制，其托词不过是目的决定手段，甚至是最卑鄙可耻的伎俩。这样一来，国家政策便成了令人推崇备至的信条，政府首脑或政党党魁就成了超越善恶概念之外的半人半神之物，而他们的追随者也就随之而被人们尊奉为英雄——殉道者、使徒和传教士。在这里，只有一个真理，除此之外再也没有别的可称之为真理的东西了。而且，这唯一的真理又是神圣不可冒犯的，来不得半点批评和指责，否则，任何与此真理意见相左或相去甚远的人将被视为异教徒，而历史告诉我们，这些异教徒都曾遭遇过形形色色的痛苦、威吓与折磨。结果，只有那些在政治上执掌权柄的人才能真正地解释国家正统观念，当然，他们也就按照自己的意愿和偏好对国家正统观念给予任意的解释。

经由群众统治，个人变成所谓第某某号的社会单位，国家也会被吹捧成为至高无上的原则。此时，人们只会看到，宗教功能也将被融化在群众这个祸乱中。如果我们对某些虽然视而不见却又无法控制的因素作仔细观察和思考，那就不难看出，宗教就是一种人类特有的本能态度，而且，纵观人类的全部历史，我们会发现，这种态度的具体表现无所不在。显然，它的目的是保持精神上的均衡状态，因为自然人具有一种同样自然的"知识"，这种知识使他深知，他的意识功能随时随地都要受到那些既来自内心世界、又来自外界环境的各种不可控制因素的阻挠。由于这个原因，他总是十分关心这样一个问题：任何可能对自己、对别人产生影响的重大决定，是否都借助于某些具有宗教性质的得力措施才能够出台？于是，对于那种无形的权力，人们便常常作出自己的奉献，发出各种令人生畏的祝愿，并且为之举行五花八门的严肃仪式。不管在什么地方，不论在什么时候，都有进场仪式和退场仪式的存在，不幸的是，这些仪式的迷人效果却常常为人们所否定，也常常被那些毫无心理学洞察力的理性主义者指责为魔法、巫术和迷信。但是，无论如何，魔术是一种心理效应，而这种心理效应的重要性是不容低估的。"魔术"活动的表演，可以使其当事者获得一种在作出某项决定时所绝对必须而真实可靠的安全感，因为任何决定的作出都不可避免地具有某种片面性，而唯其如此，人们才总是感到作决定就是一种冒险。甚至连独裁者也认为，不仅有必要让他的国家法令透出恐吓的性质，而且有必要用一切严厉的手段把国家法令公布于众。结果，个人将会更加全面、彻底地依附于国家的权力，也就是说，依附于群众。而这样一来，他就不但在精神上，而且在道义上把自己奉献给国家权力了，并且最终在社会事务中完全丧失了自己的作用。同教会一样，国家也需要人们的自我牺牲精神、激情和热爱。如果说宗教需要人们对上帝的"恐惧"，或者说需要以这种恐惧为前提才能存在，那么无独有偶，国家就是在小心翼翼地制造着那种对其统治来说必不可少的恐惧。

　　当理性主义者集中主要力量攻击仪式的神奇效果并

且将它们硬说成是传统强加给人们的时候，他们的论断实在是大谬不然。因为在这里，最基本的一点——即心理效果——已经被理性主义者忽视了，尽管双方出于截然不同的目的都利用了这一基本点。其实，两者在它们各自的目标方面具有某种相似的情景。由于这个原因，宗教的目的——避开邪恶、顺从上帝，以求得好的报应，如此等等——便转变成了给予人们以尘世的自由，从而使他们不再操心日常的油盐酱醋，不再关注物质商品的合理分配，不再注意未来世界的繁荣昌盛以及工作时间的缩减等。但是，这些许诺的实现却是遥遥无期的，甚至要等到有朝一日天堂能够给人们提供一个尘世对应物的时候，要等到广大群众的思想已经从超越现实的目标转变到纯世俗的信仰时，这些许诺方可实现；这时，人们将会以罕见的宗教热情不顾一切地去拥抱这种转变，而各种信念却在完全不同的方向上展示了同样的热情和排他性。

为了避免不必要的重复，我不打算在这里一一列举存在于此一世俗信仰和彼一世俗信仰之间的那些可资类比之处了。然而，我将满足于能够强调如下这样一个事实：与宗教功能相同，自有人类以来就一直存在着的自然功能，根本不能用理性主义的批评和所谓的文明批评来分析、理解和认识。当然，你可以继续认为，信条的主要内容是不可能实现的、荒唐可笑的，但是这种处理方法并不等于能得到问题的实质，也无损于构成各种信条之基础的宗教的功能。从与个人精神和个人命运密切相关的非理性因素的意识意义来讲，尽管它可能会被邪恶歪曲得不成样子，它总是要在国家首脑或独裁者的神化中这样重现自己：*Naturam expellas furca tamen usque recurret*（你可以用草耙随便地把自然扔得远远的，而自然总是会重新浮现出来）。因此，一旦对形势有了自己的正确估计，国家首脑或独裁者就会想方设法地把恺撒奉为神明，借此来掩饰他们那些众所周知的企图，而与此同时却把他们的实际力量隐藏在国家这个虚构物之后。结果当然欲盖弥彰，他们这样做完全是无济于事的。

正如我已经指出的那样，独裁国家不但剥夺了个人的权力，也通过对个人赖以生存的形而上基础的剥夺，从精神上瓦解了他，摧毁了他。于是，每个个人的道德判断便不再值得重视了，在社会中起作用、受青睐的只是盲目的群众运动，而且欺骗也就因此而变成了政治活动的工作原则。国家也就从这一事实中得出了自己的逻辑结论。成千上万个完全被剥夺了一切权力的国家奴隶的存在，也缄默无声地证明了上述事实及其推论。

独裁国家和宗派性的宗教都特别强调共同体概念的重要性。共同体概念是"独裁国家"的基本理想，但是对人民来说，它却如鲠在喉，所以其客观效果与主观愿望恰好相反。也就是说，它给人们灌输了分裂倾向和不信任感。另外，我们已经反复强调过的教堂似乎成了一种共同体理想；在所有那些教堂的软弱无力、已为天下所知的地方（新教就是如此），人们对"共同体"的希冀和信仰则有助于弥补令人心痛的社会凝聚力的匮乏。显而易见，"共同体"是群众组织须臾不可缺少的得力助手，因而它也就成了一把双刃剑。但是，正如不管有多少个零加起来也不会构成一个单位数的道理一样，一个共同体的价值也同样取决于构成共同体的那些个人的精神才干和道德才干。由于这种原因，人们切切不可期待能够从共同体中产生出一种大大超过环境暗示影响的效果，也就是说，在共同体中的个人身上根本不可能发生真正的本质的变化，不管这种变化的结果是好是坏，情况都是如此。个人身上的本质变化只有在个人与个人亲自接触的过程中才能产生，而绝不可能从共同体或者基督教的洗礼中产生，因为它们均没有触及人们的内在世界。

第三章

西方人在宗教问题上的观点

基督时代刚一进入 20 世纪，便取得了重大进展。面对这种进展，西方世界继续保持罗马法治的传统和以形而上学为基础的犹太教—基督教的道德遗产，及其关于人权不可剥夺的理想。然而，西方世界时时刻刻都在焦虑不安地扪心自问：这种发展在今天为什么会停滞不前，甚至退步了呢？仅仅去嘲笑社会主义的乌托邦特征并指责它们的经济原则违背了经济规律，是徒劳无益的。因为，首先，站在西方社会的立场上难以对西方社会自身进行批判，只有站在另一个社会那一边才能够聆听到关于西方世界的各种意见；其次，你所拥护的任何经济原则，只要你完全做好了受它所带来的各种牺牲的准备，都可以付诸实践。如果你像斯大林所做的那样，你就可以随心所欲地进行一切社

会改革和经济改革了。像这样的一个国家是没有什么社会危机或经济危机可以惧怕的。换言之，只要它的权力完整无损、牢不可破，那么它就可以使自己无限期地存在下去，并且把自己的权力继续扩张到无限大的程度。跟它过剩的人口增长率相适应，这些国家几乎可以为所欲为地提高它分文不付的工人的数量，以便于和它的对手亦即西方世界进行竞争，与此同时却丝毫不考虑那个在很大程度上取决于工人工资多少的世界市场。对于这些国家来说，只有来自外部世界的危险，即军事进攻的威胁才可能给它们带来真正的危险。然而，这种军事攻击很可能会把西方世界的蓝图引入歧途，其后果可能糟糕得不可收拾。

迄今为止你可以看出，在我们面前实际上只剩下一种可能，那就是从内部打破这些政权。不过，这样做必须依照其内部情况的发展。除此可能性之外，目前的任何一种来自外部世界的援助都将无济于事，这是由于现存的安全措施以及民族主义运动的危险使然。另外，在这些国家，由追随者所组成的共同体的势力也非常强大，它严重地削弱了西方政府的决策权力，然而西方世界却根本没有机会对我们的对手施加同样的影响。我们常常推测，在东方世界的广大人民中一定有反对派的力量存在。这种推测并非全无道理。

　　看到这种令人不安的形势，西方经常有人一而再，再而三地提出这样的问题：为了抵御来自东方的威胁，我们能够做些什么？应该做些什么呢？虽然现在的西方世界具有相当可观的工业力量和相当强大的防御能力，但是我们切切不可因此就高枕无忧。因为，众所周知，即便是威力最大的枪炮子弹，即使是装备最好的工业技术，再加上水平相当高的生活标准，也都不足以制止和抵挡由宗教性的狂热主义爆发的力量。

　　不幸的是，西方人现在还没有清醒地意识到这样一个十分严重的事实：我们如此热情地求助于理想主义、理性以及其他一切令人向往的美好品德，只不过是发发空谈而已，于现实世界的改变毫无助益。一旦宗教信仰——不管这种宗教信仰在我们看来受到了何等程度的扭曲——处于暴风骤雨之中，上述这些理想和愿望便随着长风飘然而逝了。我们面临的不是一个可以用理性辩论或道德争论所能够征服的社会局面，而是一个由时代精神反思产生的情感力量宣泄和思想观念爆发所左右的世界；而且，凭经验我们可以知道，理性反思作用能够对这些力量和观念产生的影响并不是十分强大，至于道德规劝对它们的影响则更是微乎其微了。人们现在已经在许多领域正确地认识到，在理性力量和道德力量都对当今世界格局无能为力的情况下，消毒和解毒成为一种效果相同而性质不同的非物质性的宗教手段了，而且以此为基础的宗教态度也可能是抵御上述那种精神传染病的唯一行之有效的态度。然而令人沮丧的是，上文的"应该"这个小词汇——它经常在这个意义上出现——指的是这种抵御能力某种程度的软弱，即便不是指这种必备能力的缺乏的话。西方世界现在不仅缺少一种足以抵御狂热意识形态蔓延增长的统一信仰，而且作为马克思主义哲学的发源地，它们使用着完全相同的精神假设，它们坚持完全相同的论点并追求完全相同的目标。尽管教会在西方享有充分的自由，但是当与东方相比，它既说不上充实也谈不上空虚。然而，它们对广阔的政治领域并不能施加明显的影响。作为一种公共制度，信条的缺点是它要同时为两个主子服务：一方面，信条从人与上帝的关系中求得自己的生存；另一方面，它对国家，亦即对尘世还负有一种责任，也就是说，信条要迎合"报效恺撒……"这种说法，要遵循《新约》中别的那些各种各样的训诫。因而，从产生宗教之初到相当晚近的一个时期内，一直有所谓"君权神授"（《罗马书》13：1）。然而在今天看来，这种概念却被废除掉了。于是，教会便代表着传统信条和集体信条，在拥有众多信徒的情况下，它们便不再以信徒们的内心体验为基础，而是以那些不加思考的信仰为基础了；而且正如众所周知的那样，一旦人们开始思考这些信仰的时候，这些信仰马上就在人们的头脑里化为乌有了。也就是说，这种信仰的内容便与知识发生冲突，其结果往往是，信仰内容中的非理性因素根本不可能与知识逻辑推理相匹敌。造成这种情况的原因在于，信仰根本不是人类内心体验的适当的替代，因此如果内心体验不复存在，那么强烈的信仰既然能够像天赐礼物那样奇迹般地产生出来，它也会同样奇迹般地化为乌有。人们称信仰和忠诚为真正的宗教体验，但是他们也并不由此而不再认为，信仰作为一种从属现象，实际产生于这样一个事实：无论是什么事物，只要它首先呈现在我们面前，它就会唤起我们的信仰和忠诚。这一宗教体验具有一种确定的内容，只不过不同教派的信念会以或此或彼乃至截然不同的词汇来译解、阐释它。情况越是如此，信仰与知识发生冲突的可能性也就越大，而且这些冲突本身往往又是相当空洞、乏味的。这也就是说，宗教信条的立场是陈旧、过时的。在宗教信条之中充满了鲜明的神话象征意义，如果要逐字逐句地加以理解的话，那么这种神话象征意义便会与知识发生令人简直无法忍受的冲突。举例来说，如果我们对耶稣复活这个说法，不是作逐字逐句的理解，而是作象征性的理解，那么显然就会得出各种不同的解释，而这些解释既不会与知识发生冲突，也不会损害这一陈述的意义。相反的意见——象征性的理解能够使得基督教的永生希望化为泡影——是枉然无效的，因为远在基督教出现以前，人类就相信人死之后还有生命，因此便无需用复活节活动来保证人的永生。如果人们逐字逐句地理解神话，正如教堂所教授的那样，其危险将在于，这会使神话突然变成一种为人们遗弃的枷锁、镣铐和武装。目前看来，这种危险已经比以往任何一个时代都更加严重。难道现在不是应该把基督教神话象征性加以理解（而不是铲除净尽）的时候吗？

有些国家的国教与教会的国家宗教，在关键之处有一种公认的相似，去谈论这一相似的后果，现在还为时尚早。不幸的是，绝对主义主张"上帝之城"由人代表，这与国家"神学"常常如出一辙，而且由依纳爵·罗耀拉（Ignatius Loyola）从教会权威中所得出的道德结论（"目的决定手段"），又以一种极其危险的方式把这一假说当成了政治工具。其实，不论是国家专制还是宗教神学，它们二者都要求人们对信仰要无条件地服从，因而剥夺了个人的两种自由：一种是个人在上帝面前的自由，另一种是个人在国家面前的自由。通过这种剥夺，它们为个人准备好了走向死亡的坟墓。于是，个人之脆弱的存在——这正是生活之独一无二的载体——便受到了精神和物质两个方面的威胁，尽管这两个方面人们都得到过有关来世美好生活的这样一个许诺：精神生活的田园境界和物质生活的大同世界都将会实现。而且，从长远的观点来看，我们中间究竟有多少人能够抵御住"两鸟在林，不如一鸟在手"这句至理名言的诱惑呢？除此之外，正如我在前文中解释过的那样，和东方国家的宗教完全相同的是，西方热爱"科学"和理性的世界观，这两者都具有统计学意义上的下降倾向和物质主义目标。

那么，在政治上四分五裂、在宗教派别上五花八门的西方世界，能够给现代人的需要提供一些什么东西呢？很遗憾，它几乎什么也提供不了。不过，西方现在对这一问题却一直视而不见，而且也拒不承认我们的致命弱点，这种态度对于解决当前的问题毫无裨益。任何一个人，只要他学会了绝对地服从于一种集体信仰，只要他放弃了他要求自由的永恒权利以及同样永恒的对个人责任的义务，就会坚持这种态度，而且，如果在他的理想主义之中嵌入一个显然是"更好"的信仰时，他将会以同样轻信的态度付诸行动，并且同样地缺乏从相反的角度去进行批判的能力。不久以前，在一个文明的欧洲民族里发生了什么事情呢？我们谴责德国人已经再次把这段历史忘得一干二净，然而事实上我们也不能确切地断定，与世界大战相类似的事件是否就不可能在别的地方再度发生。如果在世界其他地方发生了这样的事件，如果另一个文明的民族也深深地受到那种统一而片面的思想观念的传染，那么这也是合情合理、不足为怪的。表面看来，美国——它可以说是西欧真正的政治脊梁——似乎具有一种免疫能力，因为它对专制国家采取了公开的反对态度。但是实际上，美国也可能比欧洲大陆更加脆弱，更容易受到传染和伤害，因为那种具有统计真理的科学世界观对它的教育体系影响最深重。而且，美国各民族杂居相处也使得它的人民很难在一块实际上毫无历史根基的土地上发展壮大。与此相反，在这种条件下，美国社会迫切需要的那种历史教育和人文主义教育，也导致了美国人的一种灰姑娘式的生存状态。尽管欧洲大陆也需要人文主义教育，但是它却通过民族自我主义和令人惊异的怀疑主义来挽救自己的衰亡。不过，美国与欧洲也有相同之处，它们都具备物质主义和集体主义的目标，他们都缺乏那种既能表现全人类，又能掌握全人类的关键因素，即缺乏把具体的个人当作所有事物中心并以此来衡量一切事物的那种观念。

仅仅这种观念本身就足以在各个方面引起最强烈的怀疑和抵制，他们可以把下列观点发挥到极致，以至于断定：与大多数人的价值相比，个人的价值将会黯然失色。这一信念在当今的世界得到了普遍一致的支持。确切地说，我们现在这个世纪是个普通人的世纪，在这个世纪中，普通人就是地球的上帝，就是空气和水源的主宰，他们所作的决定将左右世界所有民族的历史命运。不幸的是，这幅关于人类尊严和伟大的图景，虽然令人感到骄傲自豪，却不过是一种幻相，而且在实际生活中，这一图景还会被与之大相径庭的现实冲刷掉。在这种现实里，人是机器的奴隶和牺牲品——这些机器占据了人们的时间，挤满了人们的空间；在这种现实里，据说只有战争手段才能保护人的个体存在（然而恰恰就是战争手段，威胁着人们，置人们于危险的境地）；在这种现实里，人的世界被迫一分为二，而且，虽然人的精神自由和道德自由在这极有限的半边天地里得到保障，但它们时时都会迷失方向，时时都会陷入混乱不堪的处境，而在他的另一半天地里，它同样遭到彻底的否定。最后，为了给这人生悲剧加上一些喜剧色彩，这个万物的上帝，这个宇宙的仲裁，顽固地坚持他自己的观点，而这些观点却同时证明他的尊严的一文不值，并且把他的自主变成一种荒诞无稽之物。他的一切成功，他的一切财富，并没有使他比别人的形象更加高大，正如在"公正"的商品分配原则制约之下，工厂工人的命运所清楚显示的那样，他心中的那些观点反而使他变得越来越渺小。

第四章

个人对自我的理解

令人惊讶的是，人，这个所有历史发展的鼓动者、发明者和推动者，这个所有判断和决策的发出者，这个未来生活的设计者，在现实社会中却必须强迫自己成为一个微不足道的数量化个体。人的本质与人的存在之间的这种矛盾现象，人类对自身的这种自相矛盾的评价，实在是一个令人诧异的问题。而且，人们往往只能把这种矛盾解释成为判断的不确定性使然。换言之，对于人类自己来说，人仍然是个谜。如果我们能够领会到人类缺乏对自身进行比较的手段，上述这种观点就不难理解了。具体地说，人类知道如何从解剖学和生物学方面将自己和其他动物区别开来，但作为一种具有反思能力、语言天赋和知觉意识的高级动物，他却缺乏任何自我判断的标准。因而在这个星球上，人是一种不能把自己与其他任何事物进行比较的奇形怪状的生物体。只有当人类与居住在其他星球上的准人类哺乳动物建立起联系的时候，他才能进行这种比较，进而认识自己。

在这种关系建立以前，人必须继续摹仿成为一种隐士，他清楚地知道，在比较解剖学方面他与类人猿之间具有血缘关系，但这只是从外貌来判断，而在精神方面，他又与动物界中的其他类人动物迥然不同，存在天壤之别。正是由于这种非常重要的物种特性，才使得人类难以认识自己。因而对于其自身而言，人类仍然深不可测，深奥难解。但是，当人们遭遇一种与自己构造相同而物种起源却大相径庭的动物并受到激发时，人类就有可能认识自己了，而且这时，与自知的这种可能性相比，人类自己内部的物种等级差别也就显得无关紧要，甚至毫无意义了。现在，人类已经用自己的双手，在我们这个星球上开展了一系列的历史性变革。从根本上讲，人类的精神是这些历史变迁的责任承担者。不过，这种人类精神至今还是一个未解之谜，还是一种不可理解的奇迹，一种永远令人迷惑——这是自然界所有秘密的共同特征——的认识对象。对于自然界，我们仍然有希望作出更多的发现，并且能够回答关于那些极为难解的问题，但是在精神的心理方面，我们却似乎得小心翼翼地三思而后行。这不仅是因为心理学是所有经验科学中最年轻的一门学问，而且不论何时何地，我们都难以恰当地接近心理学研究的对象。

很久以前，人类关于太阳系的错误观念已经由哥白尼从中世纪的宗教偏见中解放了出来，与此相同，我们今天也需要付出革命性的、相当彻底的努力，也需要进行不屈不挠的斗争，来把心理学首先从神学观念的符咒谶纬中解放出来。其次，要把它从传统偏见中解放出来。这种偏见认为，一方面，人的精神只是人们头脑中生化过程的一种并发现象；而另一方面，人的精神完全又是一种不可接近、变化莫测的东西。实际上，精神与大脑的联系本身，并不能证明精神是一种并发现象，即那种在因果关系上依赖于各种生化过程的附属功能。不过，我们非常清楚地知道，精神功能和心理功能究竟在多大程度上可以受到大脑能动过程的干扰，而且这种干扰在人们观念中的影响是如此根深蒂固，以至于精神（心理）的这种辅助性质仿佛成为一种不可避免的必然结论了。然而，心灵学（parapsychology）研究的各种现象警告我们必须采取认真态度，因为它们明确指出，在精神因素的作用下，空间与时间的概念都相对化了。这些精神作用使我们对人们通常关于精神与肉体之间各种对应关系的天真幼稚而过于匆忙的解释深表怀疑。由于这种解释，人们或者出于哲学的思考，或者出于智力上的懒惰，都完全否认了心灵学的一切发现。在非同寻常的智力困难的情景下，即便这种解释是一种常见的解脱方法，但是它却不能被认为是一种科学上负责的态度。若要评价这种精神现象和心理现象，我们就必须把它与它们同时发生的所有其他现象都考虑进去，统筹研究。因而，我们也就不能再继续奉行那种忽视无意识和心灵学存在的任何一种传统心理学观念了。

大脑的结构和大脑的生理学根本不能对人类的精神过程作出任何解释。精神有一种十分特殊的性质，就是它无法被还原成为其他的一切事物。如生理学一样，精神也代表着一种相对自制的经验领域，而且我们必须赋予这个领域以十分特殊的重要性，因为它本身具有诸如意识现象赖以存在的两个绝对条件。实际上，没有意识就没有世界。这是因为，只当世界被人类精神有意识性地反映和表达出来之时，世界才像今天人们所看到的那样存在。意识是存在的先决条件。于是，人类精神便获得了一种宇宙本质的尊严，而且不管是从哲学意义上讲，还是从事实的本来面目讲，这种尊严都给精神以与物质存在原则同样重要的地位。意识的载体是个人，是那种并不凭借自己的意志为所欲为地产生精神的个体；相反，是精神形成了个人的雏形，而且早在孩提时代，这种个人就受到了逐渐苏醒的意识的哺育而长大成人。如果说，人类精神必须具备压倒一切的经验主义的重要性，那么个人也理应如此，因为个人是人类精神的直接而具体的体现。

由于下面这两个原因，必须特别强调上述事实：第一，正因为个人精神的独特之处，所以个人的精神属于统计法则之中的一个例外，而且一旦个人屈服于统计评价的整体影响，个人精神的主要特征就会被剥夺得一干二净。第二，只有当教会的各种教义为人的精神所承认的时候，换言之，只有当人的精神屈服于某种集体范畴的时候，教会才赋予人的精神以合法性和有效性。在这两种情况之下，个人对个性的希望和要求都会被看作是刚愎自用的倔强行为。科学把个性贬作主观主义，而教会则在道德上指责它是异端邪说和精神狂妄。关于教会的指控，人们不能忘记，与其他宗教大不相同的是，基督教在本质上一直坚持着这样一种信条，即把人——人类的子孙——的个性存在方式作为其核心理念的一个象征，它甚至还把这种个体化的过程看作是上帝本人的显现和天启。因此，自我发展在基督教之中具有十分重要的意义，而且这种重要意义的内涵至今尚未得到人们的充分理解，因为人们过多地注意外部因素了，从而堵塞了直接通往理解内心经验的道路。如果现在的许多人并不渴望个人的自主与自治，那么这种受到强烈的压迫的现象，就很难在承受道德上或精神上的双重集体压抑之后存活下来。

所有这些障碍使得我们更加难以正确评价人的精神了。尽管如此，这些障碍对我们的讨论来说，仍然是无足轻重的。只是另一个引人注目的事实值得一提。普通的精神病治疗经验证明，精神的贬损和对精神启蒙的其他阻力，在很大程度上都是以恐惧为基础的。这种恐惧其实就是在无意识领域中所产生的那种恐惧。这些恐惧不但经常出现在那些深深地为弗洛伊德的无意识理论描绘的图景所惊吓的人们中间，而且还使弗洛伊德这位精神分析学的创始人也困惑不解。他曾经坦诚地告诉我，现在非常有必要使他的性学理论成为一种教理和信条，因为这理论是理智对可能发生的"神秘主义的黑色洪流泛滥成灾"进行防御和抵制的唯一堤坝。用这些语言，弗洛伊德表达了这样一种信念，即在无意识领域之中仍然隐藏着许多东西，人们还可以对这些隐藏物作出形形色色的神秘"解释"。事实上，情况正是如此，这些"古代的痕迹"，或者说这些源于本能、表现本能的原始模型形式都有一种超自然的性质，这种超自然的性质有时便可以在人们心中引起恐惧。而且由于这些原始模型形式代表了人的精神中最根本性的基础，所以它们是根深蒂固和无法根除的。对此，我们难以进行理智的理解，而且当它们的某种表现形式遭到破坏之后，这些原始模型便又以另一种方式改头换面地重新出现。正是这种无意识的精神恐惧，不但妨碍着人的自知的形成，而且也成为在更广阔的意义上理解心理学、认知心理学的最严重障碍。这种恐惧如此巨大、强烈，以至于人们不敢承认、不敢相信它的存在，甚至人们对自己也是如此地怯于正视，如此地自欺欺人。由于这个缘故，对于信奉宗教的人来说，恐惧都是一个值得严肃思考的问题，通过这种思考，他就会得到一个富有启发性的解答。

任何以科学为取向的心理学，都必定会获得理论的发展，也就是说，它能够与自己的研究对象保持适当的距离，同时，不至于缺乏对这些对象的观察和了解。这就是为什么心理学研究一旦以实用为目的，其结论往往就严重缺乏启迪性并且索然无味。个人的目标越是控制了个人的视野，那就意味着他从中得到的知识越实际、越具体、越变动不居，调查研究的各种对象也会变得日趋复杂，个人因素的不确定性也必将随着其数量的增加而成比例地增大。其结果就是，人们堕入误区的可能性也就大大增加。明白了这个道理之后，我们就不难理解学院派心理学何以既慎重对待上述危险，又能够避免泰然无罪状态的原因了。这样一来，它就有充分的自由把它想选择的任何一个问题都推到造物主那里去。

医疗心理学离这种多少都有点令人羡慕的地位相距甚远。在这里，并不是实验者在进行提问，而是实验的对象在进行提问。医生面临的便是一个根本不属于他选择的事实，而且如果医生是个自由自在的行动者，他很可能就永远不会作出这些选择。只有疾病和患者，才能够提出各种各样的关键性问题，换言之，造物主把医生当作了自己的试验对象，以期在医生身上得到某种解答，这样，个人的独特性及其所处环境的独特性就直面医生，要求回答他提出的问题。作为医生，他的职责迫使他去应付一种充满了不确定因素的局面。他首先运用以一般经验为基础的基本原理，然而他不久就会发现，这种原理不足以明察事实，而且也没能触及病症的实质。因此医生对这些普通原理的理解越是深入，这些原理也就越加丧失它们的意义。但是，由于这些基本原理不仅是客观知识的基础，而且是衡量客观知识的尺度，医生和病人有时会感到他们之间互相"理解"了，与此相伴随，他们之间的关系也就越来越主观化了。开头虽然占优势，而现在却出现了要转变成危险的劣势了。主观化（用技术术语来说，指的是移情与反移情）还创造了人与环境的隔离，创造了一种无论是医生还是病人都不希望出现的社会局限性，而这种隔离和局限终将来临。这时，理解的成分日益突出，知识的力量不再能够与之抗衡。随着理解的进一步深入，它便会继续增大与知识的距离，乃至于远离知识。纯粹的理解将最终以双方都不加思索地循着对方的经验前行，这是一种不加批判的被动态度，这种被动态度常常伴以最彻底的主观性，并以社会责任感的完全丧失为结局。不过，理解无论在什么情况下都不可能发展到这种程度，因为这无异于要求参与理解的两人一模一样。

人与人的关系迟早都要达到这样一个顶点：在这里，总有一方会感到，他正在被迫牺牲自己的个性以便于使他的个性为对方的个性所同化，而且由于理解已经事先假定双方的个性必须完全保留下来，所以同化这一必然的结果就使得他们的理解告吹了。合适的看法应当是，理解只能达到理解与知识相平衡的程度，因为不惜一切地寻求理解，反而对理解的双方都有害无益。

无论何时，只要复杂的个人情况需要为人们所认识、所理解，上面这个问题就肯定会发生。恰如其分地提供关于这方面的知识和理解，正是心理学的专门任务。而且对于一个热心于医治灵魂的忏悔者来说，如果他的职责并非不可避免地强迫他在关键时刻应用他的宗教偏见来看待周围的事物，那么恰当地提供知识和理解也将会成为他的任务。结果，个人存在的权利被这样一种集体偏见剥夺了，而且常常是在最敏感的领域遭到剥夺的。只有在一种情况下，即只有当宗教（比如基督教的模范生活）被个人以可感知的方式充分地理解了的时候，这种剥夺才至于发生。这种剥夺现象在今日的世界中究竟发展到了什么程度？关于这个问题，我宁可留待别人去作出判断。这里我要指出的是，无论在什么情况下，无论哪年哪月，医生都要去治疗那些宗派的局限性对其作用甚微或毫无作用的患者。因此，医生的职业迫使他要尽可能减少一些先入之见。与此相同，在尊重各种形而上学的（即不可证实的）信念和论断的同时，作为一个医生，他还得注意，千万不要以为它们是放之四海而皆准的真理。这种审慎态度是相当重要的，因为个人的性格特征根本就不应该被来自外界的任意性干涉所扭曲，以致面目全非。医生必须从环境的影响、从人的内心发展的角度，而且在最广泛的意义上讲，甚至必须从命运——不管其裁决是否充满睿智——的角度来诊治病人。

很多人可能会发现，这种谨慎态度被人们渲染并夸大了。不过，从实际的观点来看，不论具体情景如何，在两个个人之间的辩证过程中，都存在许多诸如此类的相互影响。即使这个辩证过程中的双方非常老练地给自己留有很大的余地，一个负责的医生也将会抑制住自己。也就是说，由于他的病人已经屈服于那些集体因素，他绝不会增添任何毫无必要的东西。此外，他还十分清楚，即使是最有至理名言价值的宣传布道，也只会激起病人公开的敌意或隐蔽的抵触，而所有这些消极情绪都会危害治疗的目的，因而，这类布道是毫无必要的。现在，广告、宣传以及其他多少有些用心良苦的劝告和建议，对个人的精神状态产生了非常强烈、非常严重的威胁，使病人们在自己的生活中与外部世界形成了一种消极关系。生活在这种关系中，个人不再一味地重复"你应该""你必须"以及诸如此类承认自己虚弱无能的字眼了。于是，医生发现，自己不得不扮演一个辩护人的角色，他既要防御外界因素对病人的袭击，也同样要防御病人对外界的反击。大多数人都有一种反政府的本能，他们对这种本能的迸发常常忧心忡忡。显然，如果人的内心世界和外部世界得到保护，这种忧虑就会被严重地夸大。更为重要的是，我们绝大多数人还具有一种怯懦本能，害怕自己被别人评头品足地议论来议论去，更不用说被别人在道德和个人爱好方面翻老底了，最后（但并不是最不重要的），他们尤其害怕触犯刑法条文而被施刑。人们往往要付出巨大的努力才能使最初激发起来的个性转变成为意识，要使个性付诸实际、发挥作用就比登天还难。和这种努力相比，上面提到的忧虑与害怕就无足轻重了。而且一旦这些个人冲动不经考虑就非常急躁而猛烈地发泄出来，医生必须慎重处置，免得自己笨拙不堪地用鼠目寸光之见，以残酷无情和冷嘲热讽的态度对待治疗。

随着这个辩证讨论的进一步深入，它自然就达到了这样一个阶段，即有必要对这些个人冲动作出评价了。到了这个时候，患者肯定已经获得了非常确定的判断，这些判断使他自己能够根据自己的洞察力和自己的决定，而不是根据应付社会习俗惯例的简单愿望来采取行动。即使他偶然与集体性的意见一致，情况也依然如此。而且，除非他的立场坚定，否则所谓的客观价值就不会给他带来任何裨益，因为这些价值的作用就是取代个性特点，并且压抑他个性的发展。十分自然，尽管社会有义不容辞的权力来保护自己，使自己免遭那种粗暴的主观主义的影响，但是，由于社会本身是由丧失了个性的个人所组成的，所以它就不可避免地要乞怜于那些冷酷无情的个人主义者了，让个人组合成各种集团和各种组织，无异于使个人的个性日趋消亡，正是这种组合以及由此而产生的个性特征的消亡，才使得社会非常容易屈从于一个独裁者的统治。不幸的是，一百万个零加起来也不等于一个一。从终极意义上讲，一切事物都取决于个体的性质。但是在我们现在这个时代里，那种要命的鼠目寸光的传统观念，却仅仅从庞大的统计数字和群众组织的角度来思考问题，尽管有人会认为，世界亲历目睹的事情太多了，多得甚至可以超过在一个疯子的统治之下、一群训练有素的暴民的所作所为。遗憾的是，对个人的这种认识看来还并没有深入到我们每一个人的心中，而且在这一方面，我们的愚昧无知仍然是极其危险的。现在，人们仍然继续沉醉和迷恋于建立各种名目的社会组织，仍然继续相信集体行动具有至高无上的疗效，而丝毫没有意识到这样一个令人触目惊心的事实：那些最有权势的组织只能通过它们最残酷的领导和最廉价的口号来维持。

奇怪的是，教会也希望集体行动自身能够对教会有利，以便于把魔鬼连同撒旦一起从宗教天地中驱逐出去，这正是教会所应当做的，即教会除了个人灵魂的救赎之外别无旁骛。但是，它似乎根本没有听到人谈起过群众心理学的——按照这种心理学的见解，个人会很容易地产生出一种道德的和精神的自卑感——哪怕任何一条基本原理，而且由于这个原因，它也不会承担除了它们的真正使命——即帮助个人获得精神上的复生——之外的任何义务了。同样遗憾的是，如果个人尚不能在精神上获得真正的复生，那么，社会也不可能得以再生，因为社会毕竟是需要上帝救赎的个人的总和。正是由于这个原因，所以当教会设法——显然，它实际上也是这样做的——把个人聚集起来，形成某一个社会组织，并使个人落到那种毫无责任感的状态之中（而不是把个人从麻木不仁的群众中解救、扶植起来，不是尽力使个人明白他自己本身就是一个重要的分子，世界的希望就在于个人灵魂的拯救）的时候，个人与社会的精神再生就只能是一种痴心妄想而已。的确，聚集起来的群众在普通人面前炫耀灵魂拯救的观点，并设法用群众建议的力量让这一观念在人的脑海里留下深刻的印象。然而，一旦那种天花乱坠、令人陶醉的感觉不复存在，普通人就会立即屈从于另一个更彰明较著、更具号召力、更为强大的口号，其结局将是不那么光彩的。于是乎，个人与上帝之间的关系将变成一道隔离墙，其作用就是防止个人受到那些群众观念的影响。基督曾经召集过群众大会，并向他的使徒们布过道吗？在五千人的圣宴上，当曾经坚如磐石的彼得表现出动摇倾向时，那些圣徒们之中有谁没有同其他人一起呼叫着"钉死他"呢？而且，难道耶稣和保罗不正是那些相信自己的内心体验，按照各自的方法行事而置公众意见于不顾的典范吗？

教会所面临的形势现在已经成了一种客观现实，上面的争议肯定不会使我们对此视而不见。借助暗示作用，教会可以把个人联合起来形成一个信仰者团体，当教会企图通过这种途径将乌合之众组织起来，并且试图让这样的团体紧密团结的时候，那么，它不仅仅是在履行一项伟大的社会服务，而且是赋予个人一种极有意义的生活方式。不过，这种恩赐一般来说只是确定某种已有的趋势，而不能改变这种趋势。遗憾的是，经验告诉我们，内向型的人是不会被改变的，不管他从属于什么团体，都是顽固不化的。他的环境根本不可能给他提供那种恩赐，这些东西对他来说只要花点功夫、受些磨难，他自己就能够赢得。与此相反，有利的环境只能加强一种危险倾向，即仅仅寄希望于外界能够给人们提供一切，甚至期待着产生为外在现实所不可能提供的那种变化，即深深地隐藏在内向型人的内心之中的那种变化。而且，鉴于当今的群众现象，也由于未来世界人口急剧增长这一日益严重的问题，这种变化就显得更加迫在眉睫，更加急不可待了。现在，我们早就应该仔细地扪心自问：让我们的形形色色的群众组织团结得固若金汤的力量，究竟是什么？到底是什么东西构成了每一个人——每一个真正的人，而不是统计意义上的人——的本质呢？要回答这些问题，只有通过一种新的自我培养过程才行，否则几乎是不可能的。

正如人们料想的那样，所有的群众运动都极为容易滑到由各种庞大的数字所代表的平面上去。所以，哪里人多，哪里就安全；大家都相信的事物必然是真实的事物；大家都渴望得到的东西便值得我们去拼命地争取，因而也便是必要的、美好的。在喧嚣不定的呼唤中，人人都想通过强制手段来满足自己的现实愿望，但是在这种愿望之中，最甜美的生活还是希望人们都毫无痛苦地回归到甜蜜的儿童时代，回归到由父母双亲照料一切的天堂，回归到听天由命和不负责任的糊涂状态。在这种天堂般的理想境界里，一切问题都由上帝来考虑，一切关怀都由上帝来给予，任何一个问题都有它现成的答案，所有一切必不可少的需求都会得到满足。显然，普通人心中的这种天堂之梦是非常幼稚的、不现实的。唯其如此，他们才从未想到问问自己，到底是谁在支付、供给着这种天堂生活？这样，现实问题最终还是要留给更高的政治权威和社会权威来解决，而实际上这个权威非常乐于从命，因为这样一来他的权力就增大了。当然，这种权威手中的权力越大，个人就变得越软弱无助。

不管在什么地方，如果由权威来决定一切的这种社会条件得到了大规模的膨胀和发展，那么，通向专制独裁的道路就无形之中铺就了，而个人的自由就会顺理成章地为精神奴役和物质奴役所取而代之了。事实上，由于每一种专制和独裁都是不道德的，都是冷酷无情的，所以与那种依然考虑个人因素的制度相比，它在选择自己的统治手段方面便具有更多的自由。而且，如果这样的一种制度与有组织的国家发生冲突的话，它很快就会意识到，自己的伦理观具有一个真正的弱点，因此而不得不利用与自己的对手相同的手段来使自己获益。于是，邪恶的扩散便不可避免，甚至在可以预防直接传染和扩散的地方，情况也是如此。而且，当社会中起决定性作用的重要性都依附于庞大的数字和统计价值之时，邪恶传染的危险性就尤其强大。在我们西方世界中，情况正是如此。所以我们看到，报纸里的报导天天都在变换花招，极力在读者眼前显示那种令人窒息的群众力量。与此同时，那种个人无足轻重的观念却又如此完全、彻底地灌输到个人的脑筋深处，以至于个人逐渐丧失了一切使自己为社会所承认、为世人所注目和倾听的希望。而自由、平等、博爱这些陈腐不堪的理念，根本对个人毫无裨益，因为个人只能乞求于个人的刽子手，即群众的代言人。

只有当个人的个性也像群众自身那样组织起来时，才能够有效地抵抗组织起来的群众。现在我完全明白，对于今天的人来说，这个主张听起来几乎非常难以理解。中世纪时期有一种观点认为，作为大千宇宙具体而微的缩影，人是一个微型宇宙，他反映了大宇宙的境况。这种观点现在早已在人类的脑海中消失了，尽管人类包容世界和调适世界的精神确实存在，而且这种精神还可以教给人比上述主张更好的知识。不仅宏观宇宙的形象作为一种精神存在已经深深地嵌入人的脑海之中，而且人也在一个更大的范围内为自己创造这种宏观宇宙的形象。一方面，通过自己的意识思考的作用，另一方面，得益于他本能中的那种传统的和原型的性质，这些性质把他与他的环境紧紧地连接在了一起，他把人与宏观宇宙的"对应性"铭记于心。但是，从某种意义上讲，人的本能使他在牢牢地依恋宏观宇宙的同时，也把个人与宏观宇宙分离开来，因为个人的欲望往往从各种不同的方向来吸引他、牵制他，从而使他与宏观宇宙格格不入。这样，他便接二连三地陷入与自身的冲突之中，而只是在极为个别的情况下，他才能成功地给自己的生活确定一个整体上一致的目标。只不过，为了达到这一目标，在通常情况下，他必须压抑他本能中的其他方面，并因此而付出极大的代价。人们更会看到，人类精神的自然状态由各种成分的相互冲突所构成，由它们行动的矛盾状态——亦即某种程度的分离状态——所构成。在此情况下，人们就不得不扪心自问：压抑本能欲望以追求生活目标，这种一边倒的做法是否确实值得促成？佛教把个人对宇宙的这种情况称作对"悠悠万事"的依赖。这种情景即发出了对秩序和综合的呼唤。

正如混乱不堪的群众运动——往往以成员之间的互相伤害告终——常常被一种独裁意志强迫着在一个既定方向上发展一样，处于分裂状态的个人也需要一种既能指点方向，又能规范秩序的原则。虽然自我意识乐于让自己的意志来承担这项重任，但是它忽视了那些阻碍自己意图付诸实现的强有力的无意识因素的存在。其实这是很不应该的。因为自我意识妄想达到综合的目标，它就必须首先了解这些无意识因素的实质，就必须体验它们，或者说，就必须具有既能表达这些无意识因素，又有益于自己综合目的的超自然的象征。而且，尽管那种理解了和明显表现了现代人精神追求的宗教象征有可能满足这些要求，但是迄今为止，我们对基督教的理解却显然没能做到这一点。与此相反，可怕的世界分裂现在恰恰已经在基督教领域发生了，而且事实证明，我们基督教式的生活观也根本没有力量来阻挡某种古代社会秩序卷土重来。

我们这样说，并不是意味着基督教已经终结。恰恰相反，我倒相信，不是基督教，而是我们对基督教的理解和解释，在当今世界的形势面前变得陈腐不堪、无能为力了。基督象征是一种有生命的东西，它本身就孕育着进一步发展的可能。它能够继续向前发展，而它的发展前景如何，要看我们能不能下定决心去重新思考它。说得更透彻些，它的发展前景怎样，有赖于我们对基督教先决条件的理解和解释。因此，这就要求我们对个人、对自我的微观宇宙，采取一种与我们迄今为止曾经采取过的大相径庭的态度。这就是为什么任何人都不知道怎样才能理解别人，不知道人类将来走什么样的道路，不知道他自己能够经历什么样的内心体验，不知道在宗教神话背后到底还有些什么精神性质的事实存在。在这个问题上笼罩着非常浓郁的黑影，因而没有人能够明白，他为什么要对生活感兴趣？他能够给自己确定什么样的目标？最终能否实现这些目标？在这些问题面前，我们是无能为力的。

其实，这种情况不足为奇，因为，所有的王牌实际上都牢牢地掌握在我们的反对者手中。他们可以依靠强大的军队和无坚不摧的权力。政治、科学技术都站在他们一边，听凭他们调遣使用，为他们服务。而各种显赫的科学论点又声称它们代表了迄今为止人类智力所能达到的最高水平。同样地，人们一而再，再而三地接受了与过去岁月的落后性和黑暗性息息相关的文化启蒙，并且不由自主地对这些科学观念顶礼膜拜，盲目崇信。他们的先哲就曾经因为在那些无法比较的因素之间进行错误的比较，而严重迷失方向并误入歧途，但这些情况从来没在人类的大脑中留下印迹。甚至连那些智力上优秀的中坚分子也落到这个地步，即不管碰到什么问题，他们总是固执地认为，凡是今天的科学宣布是不可能的事情，在任何别的时代也都是不可能实现的。最为严重的是，人们今天往往像分析客观事实那样，用科学的理性眼光来看待那些可能会给个人提供超越立场的信仰事实。于是，当个人开始向那些教会及其代言人——人们确信它们能够拯救灵魂——提出问题进行疑问的时候，他总是得到这样的回答：受某种信条——这人世间具有决定性作用的制度——制约的社会成员身份，或多或少都是为一些宗教信仰所设计的；他还被告知，对这个信仰者来说，那些已经使他深表怀疑的信仰事实结果都曾经是具体可靠的历史事件，他也从它们那里知道，某些仪式活动能够产生奇迹般的效果；它们还教育他，基督受难其实就是为了替他将自己从原罪及其后果（即永恒的诅咒）中解救出来。由于个人能力的限制，如果他想要对这些解释作出反应，或对这些教诲加以反省，那么他不得不承认，他根本不懂得这些教诲。于是，在个人面前，结果就只有这两种可能供选择了：或者盲目地相信，或者因其完全不可理解而抛弃。

虽然今天的人们可以不费吹灰之力地思考和理解由国家天花乱坠般地传递给他的所有"真理"，但是由于对这些真理缺乏必要的解释，他在宗教的理解方面重新陷入困境。正如《新约·使徒行传》第八章第三十节所述，问曰："你理解了你正在阅读的东西吗？"答曰："怎么可能呢？除非有人肯指导我。"如果个人现在还没有完全抛弃他所有的宗教信念的话，那么这是因为宗教冲动是人的一种本能要求，因而也具有一种尤其能够表现出人性人文特征的功能。你能扫除一个人心目中的偶像，但是反过来，你还得给他创造另外一个偶像。群众国家的所有领导者都不可避免地要得到神化，而且不论何时何地，只要这种性质尚未被强制性地认可，那么取而代之的便常常是那些令人着迷的因素，而且在这些因素之中充满着诸如金钱、工作、政治影响之类的活力和魅力。于是，当自然的、合乎人性的功能丧失之后，也就是说不在意识领域得以表达之后，在人们心中就必然会引起一种普遍的骚乱。其结果十分显然，理性女神如果取得了胜利，那么一种普遍的神经过敏症就会风行于后代人之间，一种个性分裂状态——它与铁幕政治所造成的世界分裂形势完全类似——将会产生。这样一来，不管个人生活在西方还是东方、社会主义阵营还是资本主义阵营，一条充满铁蒺藜的分界线都会把现代人的精神世界一分为二地割裂开来。正如典型的神经症患者意识不到他自身阴影的存在一样，一个正常人也和这种神经症患者一样，只能在他的邻居身上，或者在这道鸿沟另一边的人类身上看见自己的影子。如今甚至形成了这种局面，即简单地把资本主义一方或社会主义一方统统称为万恶之源，竟成了一种政治的和社会的义务，并以为这样一来就可以使人们的注意力固着在外部事物上，而不再去关照个人内心的生活。但是如同精神病人一样，尽管在正常人的另一侧面也存在着无意识因素，一种模糊朦胧的预感也使他感到，所有这些都不能使他精神轻松，心力节省，因此西方人便对自己的心理和"心理学"产生出一种本能的兴趣来。

于是，不管情愿还是不情愿，医生们便被召唤到世界舞台上来，而且那些主要与个人生活之最秘密、最隐蔽部分有关的问题——然而最后经过分析，它们都是时代思潮的直接结果——便呈现在医生面前。由于这些问题和症状的个人性质，人们通常认为这是"神经症"。事实也确实如此，由于这些问题都是由幼稚的幻想所构成，而这些幻想又难以与成年人的精神内容协调一致起来，所以一旦它们发展到意识程度，立刻就会被我们的道德判断压抑下去。

就事物的本质而言，这种幻想在一般的情况下并不是以幼稚的方式发展成为意识的，或者小而言之，这些幻想既不可能成为意识，也不可能被其他力量有意识地压抑下去。更确切地说，它们似乎是一直存在的，或者说无论如何都存在着的，似乎是无意识地产生出来的，而且一直在坚持着这种状态，直到有一天心理学家的介入才使它们能够跨越意识的门槛而呈现出来。无意识幻想的激活是当意识发现自己处于某种危机情形时才会出现的一种心理过程。如果情况不是这样的话，那么，这些幻想将会如期产生出来，并且随之就会发生常见的神经错乱现象。在现实生活中，这种幻想属于儿童时代生活的一部分，而且只有当它被意识生活中的不正常条件过早地强化的时候，它才会引起神经错乱。当来自父母亲的各种消极影响袭来，儿童的成长环境就会遭到破坏，儿童的心理冲突就会应运而生，最终破坏了儿童的神经平衡，这样，神经错乱的后果就尤其容易发生。

成年人患了神经症之后，孩提时代的幻想世界重现出来，于是，人们会将神经症的发病归因于幼年时期各种幻想的存在。但是，这种说法并不能解释，那些幻想为什么在病情间歇、中断的那段时间里没有出现病理反应。只有当个人碰到一种用意识手段无法克服的困境，才能够产生这些病理反应。由此而在个性发展中产生出来的停滞现象就给童年时期幻想打开了闸门，使之涌现出来。当然，在每个人的心灵深处都潜伏着童年期幻想，然而，只要有意识的个性能够在不受干扰的情况下继续沿着自己的路径向前发展，这些幻想就不会呈现出来。而当这些幻想达到一定强度时，它们就被分裂成为碎片，进入意识领域，并且产生一种病人自己能够体会到的冲突局面。结果，个人被分割成具有两种不同性质的个性特征。不管怎么说，当从意识领域中涌现出来的能量（因为无用武之地的缘故）增强了无意识个性的消极性质，尤其是增强了它童年期的那些特征之时，这种分离现象便已经在无意识领域中打下了相当坚实的基础，为以后的变化作好了准备。

实际上，一个儿童的正常幻想充其量不过是由本能冲动所产生的那种想象而已，由于这个原因，儿童的幻想也就可以被认为是为将来从事意识活动而进行的预备性练习了。顺其自然的结论就是，神经症患者的种种幻想——即使它们在病理症状上可能会有所变化，或许它们还可能会被能量的回归所扭曲——也包含有正常本能的内容，其标志就是适应机制的存在。神经症总是意味着一种未适应好的变化，意味着对正常动力机制的扭曲，意味着对正常动力机制那种理所应有的"想象"。只不过，在其动力机制及其形式方面，本能显然非常陈旧，简直跟老古董一样。当本能在人们头脑中呈现出来的时候，它的形式便成为一种形象。这个形象仿佛是一张图画，将本能冲动的本质清楚而具体地体现了出来。例如，如果我们能够窥视"丝兰蛾"的世界，我们便会在其中发现一种观念模式。这种观念模式具有超自然的神秘性和令人着迷的魅力，这种魅力不但强迫"丝兰蛾"在丝兰植物上受精怀胎，还帮助丝兰蛾去"了解和认识"整个情形是怎么一回事。由此可见，本能只不过是一种盲目性和不确定性的冲动而已，因为事实证明，本能总是随着某种确定性的外部环境来调节自己的。这种外部环境给本能提供了既独特又难以恢复原状的形式。而且正如本能具有原始性和遗传性一样，本能的形式也是古已有之的，换言之，也就是原始形态的。甚至可以说，本能的形式比肉体的形式更为古老、更为久远。

十分自然，生物学方面的这些思考也能够同样应用在人类身上，因为尽管人类有意识、有意志、有理智，但是他仍然属于普通生物学的研究领域。我们的意识活动以本能为基础，并且从本能中获得了动力机制和观念化形式的基本特性。这一事实对人类心理的意义如同它对整个动物王国中其他成员的意义一样，都十分重大。基本上可以说，人类的知识就在于不断地调节我们生而有之的原始观念模式。这些模式需要不断地加以适当调整。这是因为，就其原始形式而言，它们只适用于古老的生活方式，而根本不符合如今各个领域均已分化得与古代社会大相径庭的人类环境的需要。因此，如果我们生活中的本能能量之流要维持——这对我们的生存是绝对必要的——的话，那么，我们就必须重新塑造这些原始形式，从而使它们成为足以应付当今时代挑战的各种观念。

第五章

对生活的哲学和心理学解析

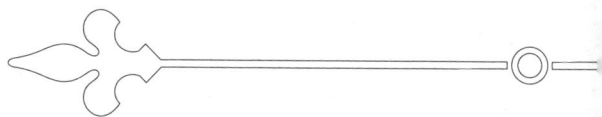

但不幸的是，我们的各种观念总是不可避免地落后于总体形势的变化。它们几乎没有别的选择，因为只要世界上任何事物都毫无变化，观念也多少有所适应，那么它们就能令人满意地发挥作用。因此就没有切实的理由要求这些观念再去改变和调整了。只有当形势发生了十分剧烈的变化，以至于在外部条件和我们的观念之间形成了一条令人无法忍受的鸿沟，只有当我们的观念已经时过境迁、沦为陈腐之时，我们世界观和人生哲学中的一般问题才会凸显出来，而且那些维持人的本能能量之类的原始形象怎样才能得到重新定位和调整？这一问题也将接踵而至。此外，存在于内心之中的这种原始形象绝不能简单地用另外一种新生的理性框架取而代之，因为在这一原则的形成中，外部环境的作用过于强大，而生物需求的作用则显得相对贫弱。更为重要的是，这种理性框架不但不能建筑起通往原本的人类精神的桥梁，而且它还会把业已存在于人们心中的精神桥梁完全隔绝开来。现在，我们的一切基本信念都变得越来越理性化了。我们的哲学不再像古代哲学那样是一种生活方式了，它已经蜕变成了一种极端智力化和极端学术性的事物了。我们那充满古老仪式和古老概念——它们可以自圆其说——的宗派主义的宗教也正在表达一种世俗观念（在中世纪，这种观念的存在不至于引发什么巨大的困难，但是对今天的人来说，它却显得稀奇古怪和不可理解）。尽管这些观点与当代的科学理念相冲突，一种根深蒂固的本能诱使人坚守那些陈旧不堪的观念。从字面上讲，这些观念并没有把近五百年的所有智力发展成果全都包容在内。这样做的目的，当然是为了避免使自己坠入虚无主义绝望的深渊。但是作为一个理性主义者，即使我们为批判当代宗教的僵化死板、缺乏想象力、思想偏狭和行将就木而感到激动不已的时候，我们也绝对不应该忘记，凡是信念都代表一种教条，尽管关于这些信念的解释可能会在人们之间引起不同的争议，然而这种学说的信条却因为它们的原型特点而具有一种属于它自己的生命力。因此，在任何情况下，知性理解无论如何都是须臾不可缺少的。但是，只有当通过感觉和直觉所进行的评价并不充分时，也就是说，只有当这些评价并不能够使那些拥有信仰的主要力量获得智力满足的时候，人们才开始呼吁知性理解的到来。

在这一方面，没有任何东西可以比信仰和知识之间业已形成的那道鸿沟更能表达其特征，更具有代表性了。这两个领域的差别如此巨大，以至于我们不得不提到，在这两个领域以及它们各自观察世界的方式之间，其实存在着不可比较的性质。但是，信仰和知识所涉及的，都是我们现在生活于其中的同一个经验世界，因为甚至连神学也告诉我们，信仰也是建立在经验事实基础之上的。这些事实在我们今天这个已知的世界已经历史地变得可感可知了。也就是这样一种事实，基督生来就是个活生生的真实的人，他成就了许多奇迹，忍受了许多磨难，他最终死于本丢·彼拉多（Pontius Pilate）的脚下，却于死后不久以肉体凡身的形象复活过来。神学拒绝任何把它最早期的文字记载当作书面神话的做法，因而也拒绝任何可以对这些早期陈述作象征性理解的倾向。事实上，近年来，正是这些神学家自己试图——毫无疑问是一种对"知识"作出让步的姿态——使他们的信仰目标"去神圣化"。而同时，却又在关键问题上非常专横地限制着这个目标，不准人们越雷池半步。但是对于这种批评性的理智来说，有一点再明显不过了，即神话是所有宗教不可或缺的组成部分，因此，在不损害宗教信仰的情况下，根本不可能把神话从信仰那里排除出去。

信仰和知识之间的裂痕是分裂意识的一种体现，这种分裂意识在很多方面显示了我们时代精神错乱的特征。它仿佛是两个不同的个人分别从自己的观点出发对同一件事物发表评论，又似乎是一个处于两种心态下的人在描绘一张关于他自己生活经历的图景。而且，如果我们用"当代社会"来取代这个"人"的话，那么可以十分明显地看出，当代社会就好像正在经历一场精神分裂症，即神经紊乱症。这样看来，如果一方拼命地向左拉，而另一方则拼命地向右拉，那么这个人只会顾此失彼而一事无成。在每个神经症患者身上都会发生这种情况。而这样来来回回反复折腾的结果，只能加深他的烦恼和痛苦。正是这种烦恼和痛苦，把神经症患者带到医生面前来。

正如我上面简要说明——与此同时，我并没有忘记提到某些实际的事例，不然的话，读者会感到困惑不解——的那样，医生必须和患者个性中的这两个部分同时建立联系，因为只有从它们二者出发，而不是从单独一方出发从而压制了另一方来进行治疗，才能使患者成为一个完全、完整的人。这后一种选择，即对两方厚此薄彼、扬此抑彼，则恰恰是病人一直所处的状态。这是因为，当代的世界观未能给他提供任何其他有益的指导。大体上来讲，人的个人情况和他的集体情况是一模一样的。所以，他是一个社会的微观宇宙，可以在最小的范围内反映最大的社会，或者与此相反，作为最小的社会单元，他能够产生集体性的分离状态。而后一种情况的可能性似乎更大些，因为生活的唯一直接的，也是唯一具体的载体是个人的个性，而社会和国家则是一些常规惯例的概念，并且只有当社会与国家由一定数目的个人所代表时，它们才可以宣告其存在的真实性。

上帝的言论至高无上，这句话代表了基督信仰的核心内容和特别成果。但是在今天，出于全社会的非宗教特征，我们这个时代由来已久受到基督教这一特殊成就的沉重压迫。对于这样一个事实，我们以往远远没能给予足够的重视。现在，即使我们只是从传闻中来了解基督教，"上帝的言论至高无上"这句话也会被我们奉若金科玉律，而且，它在今天还依然存在着。于是，诸如"社会""国家"之类的字眼都被具体化到这种程度，以至于它们具有了人格化的特征。所以，用凡夫俗子们的眼光看来，比起历史上的任何一位国王，"国家"更是所有美好之物取之不尽的源泉。因而人们对国家顶礼膜拜，让它统管一切，向它倾诉衷肠，如此等等，不一而足。这样，社会就被提高到最高伦理原则的高度。其实，它还被人们赋予了富有积极意义的创造才能。

现在似乎还没有人发现，对"上帝的言论至高无上"这句名言的崇拜还有其阴暗的一面，尽管它对历史发展的某个特定阶段是非常必要的。也就是说，经过若干个世纪的宗教教育之后，一旦这句话在人们心中获得了普遍的有效性，那么，它就会在自己与"圣人"之间形成一种原始关系。这样一来，就出现了人格化的教会和人格化的国家，对这句话中的虔奉就成了轻信，而这句话本身也就变成了一种能够任意行骗的恶魔似的口号了，而且宣传鼓动、自吹自擂便会随着这种轻信纷至沓来，它们用政治上的徇私舞弊和折中调和来欺骗人民。而今天，这种欺骗的范围、规模和程度在世界历史上达到了登峰造极的地步。

因此，原来宣称所有的人及其联盟都将在伟大的上帝形象中获得统一的那句名言，在我们这个时代里反倒已经变成了所有的人都相互猜忌和互相不信任的根源了。当然，轻信是我们最凶恶的敌人之一，但是这种轻信也是神经症患者为了压抑他胸中怀疑的块垒，或者说是为了用咒语的方式来把自己从现实中解脱出来而常常采用的权宜之计。人们常常认为，为了使一个不合常规的人步入正轨，你只要"告诉"他"应当"去做哪些事就行了。但是，至于此人能否这样做或是否愿意这样做，那就完全是另一回事了。心理学家们已经发现，仅仅依靠告诉、劝说、忠告以及出谋划策这些手段来教育或矫治人，根本无济于事，除了这些之外，他还必须熟悉病症的所有细节，并且获得关于这个病人的精神状况的确切知识。因此，他必须和患者的个性建立联系，必须具有远远超过一位教师，甚至超过一位心灵导师的能力，以便于深入到患者的精神世界里，摸清其中的所有死角和暗沟。医生那种建立在兼容并包观念之上的科学的客观性，使他不但把自己的患者看作一个人，而且把患者看作一个像动物一样地只是依附于肉体而存在的人，科学的发展和发现已经把医生的兴趣引到了意识个性的范畴之外，从而使之步入一个无意识的本能世界，这个本能世界是由那些与圣奥古斯汀（Saint Augustine）的两个极其相似的道德概念——色欲和权欲——相一致的性冲动和权力驱动力（或自我表现）所控制的。这两种基本本能（物种保护和自我表现）之间的冲撞构成了无数冲突的根源。因此，它们是道德判断的主要对象，而道德判断的目的就在于尽可能地避免这些本能冲突的发生。

正如我在前文所解释的那样，本能有两个主要方面：一方面涉及动力、冲动和意向；另一方面涉及特殊的意义和目的。正如动物世界明显呈现出来的那样，人的一切精神功能和心理效应很可能也有一种生命本能基础。不难看出，在动物身上，本能是它们所有行为的精神向导。只有当学习能力开始发育（例如在高级类人猿和人类身上体现的那样）时，这一判断才越来越不确定。出于学习能力，动物的本能经历了许多次的变异和分化；而在文明人身上，本能也发生了严重的分裂，这种分裂的程度如此之大，以至于在基本的本能中，只有很少的一部分因其原始形式中的确定性的作用才可能为我们所辨认出。在这一小部分本能里，最为重要的还是那两种基本本能以及它们的派生物，而且迄今为止，它们仍然是医疗心理学关注的唯一对象。不过，研究者们发现，在追溯这两种本能的分支的过程中，他们碰到了一些难以确定无疑地划归于其中任何一种基本本能的结构。这里我们举个例子即可说明。动力本能的发现者们有些怀疑：一种显然是确实可靠的性欲本能的表现，是否可以更好地解释为"动力安排"？而且，弗洛伊德本人也不得不承认，除了压倒一切的性本能之外，还存在着"自我本能"，毋庸讳言，这显然是对阿德勒观点的认可。由于这种不确定性的存在，毫不奇怪的是，在大多数情况下，关于神经病病症，无论是用弗洛伊德的理论还是用阿德勒的理论都可以对其作出完全一致、毫无矛盾的解释。这种困窘现象并不能说明，这种观点或那种观点出了错，甚至也不能说明这两种观点全都错了。恰恰相反，相对而言它们二者都有效，而且与某些片面的和独断的偏见不同的是，弗洛伊德和阿德勒两人都承认其他本能的存在和各种本能之间的竞争。正如我前面指出的那样，尽管人类本能这个问题远远不是一个简单易解的问题，但是如果我们推测说，学习能力——它几乎是人类所独具的特有属性——是基于在动物身上发现的摹仿本能，那么这个推测大概不至于大谬不然吧。正是在这种摹仿本能中人们发现了它的实质，即它搅乱其他的本能活动，并且逐渐地改变这些本能活动。这种实质可以在鸟类中得到证明，例如，当鸟儿歌唱时，它们常常采用其他动物的音调。

任何事物都不能像人的学习能力那样，使人与自己本能的行为模式相疏远、相分离，这种学习能力将会成为一种真正的内驱力，驱使着人的行为模式向前转化。正是由于这种能力而不是任何其他的原因，我们的生存条件才得以发生变化，而且我们才需要不断调整来适应文明带来的各种新变化。与此同时，学习能力也是许多精神紊乱病症的根源，是那些由于人类与他的本能基础日益疏远而引起的各种困境的根源，换言之，是那些由于人脱离了基础并且认清了自己的自觉知识，由于他担心在获得意识的同时却又不得不牺牲无意识而引起的多种困境的根源。其结果是，当代人只有在意识到他自己的时候才能认识自己，而人能否意识到自己的能力，在很大程度上取决于环境条件的影响，取决于他对自己原始的本能倾向所作的调适以及对这种调适的自觉要求，因此，人的意识主要是通过观察和研究人周围的世界来指导自己的，而且正是意识的这种特性，才使得人们必须不断地调整自己的精神状态和技术能力。这项任务的要求非常严格，而完成这项任务又如此有优势，以至于人们在此调整过程中就逐渐忘掉了自己本能的本质，并且用他关于自我的概念来替代他的实际存在。这样，人们就在不知不觉中滑到了一个纯粹由理念构成的世界，在这个世界里，他的意识活动的各种产物循序渐进地取代了客观现实。

与自己本能的本质产生裂缝之后，文明开化时代的人便不可避免地被推到意识和无意识、精神和本质、知识和信仰之间的矛盾冲突中去，而且，一旦他的意识对他的本能层面施加否定性和压制性影响，这种分裂必然就会演化为病态。而且倘若已经陷入这种危急的病态之中的个人聚集起来，那么旨在成为被压迫者的精神斗士的群众运动则会风起云涌、愈演愈烈。在当今世界，有一种普遍流行的意识倾向，该倾向企图在外部世界中寻找一切社会弊病的根源，和这种倾向相一致，人们就纷纷呼吁，要求进行政治变革和社会变革。在他们原本的设想中，这些变革将使他们灵魂深处的个性分裂问题迎刃而解。因而，一旦这种要求得到了满足，就会出现一些特定的政治条件和社会条件，这些条件把同样的社会弊病改头换面以后，又一一带回到个人中来。接下来发生的只不过是一场逆转：底层浮现出来并成为上层，黑暗占了上风并取代了光明，而且由于前者总是具有无政府主义的色彩和混乱不堪的性质，所以，那些"被解放出来的"曾经退居下风的部分一定会被残酷地剥夺一切自由。所有这一切发展过程及其后果都是不可避免的，因为这样做并没有触动罪恶的根源，而只不过是相反的情景浮现出来罢了。

在对个人的贬低方面，多年以来，西方不仅一直经受着许多政治困难，除此之外还一直面临着严重的心理劣势，在纳粹德国时期，这种心理劣势也令人不安地被人感受到了。这种心理劣势包括：在一个独裁者的统治下，只允许我们议论评说我们的影子，而不许对我们自身说三道四。非常明显，独裁者站在政治前沿的另一边，而我们却站在善良的一边，还享有正确的理想正义的观念。不是有一位非常著名的政治家最近承认他"根本没有想过罪恶"吗？作为芸芸众生的代表，这位政治家在这里说明了这样一个事实：西方人已经处于最后连他的身影也要完全丧失的危险之中了，已经处于把自己和他虚构的个性混为一谈，把这个世界与科学的理性主义所描绘的抽象图画不加任何区分的危险之中了。而且与人自身同样真实的是，他的精神对立面和道德对立面也已不再栖身于他的内心世界之中，而是超越了地理界线在世界各地到处存在了。这种地理界线不再代表外部世界的政治障碍，而是越来越富有威胁性地把意识从无意识的个人身上分离出去。由于思考和感觉皆已丧失了它们的尖锐性，同时在宗教取向已经变得软弱无力的情况下，我们手中连个上帝都没有，这就很难制止释放出来的精神能量向专制王权方向倾斜并发展下去了。

在我们的内心世界中，那个被轻蔑地描绘为"阴影"的另一个人，是否同情我们意识的计划和目的呢？对于这样一个问题，我们的理性哲学并没有作深入的探讨。显而易见，它不知道在我们的内心深处确实有一个影子，一个奠基于我们本能的本质之中的影子。本能的动力和想象联合在一起，共同构成了一种任何人也不能忽视的先决条件，否则他将会使自己陷入极大的危险之中。与此同时，对本能的违反和忽视也必将给个人带来痛苦的生理后果和心理后患，而要清除这些后患，首先就必须采取医疗措施。

在过去的五十年中我们已经知道，或者可能已经知道，在人类精神中有一种与意识相抗衡的无意识存在。医疗心理学目前已经在这方面提供了所有必不可少的经验资料和实验证据。无意识精神现象的存在对意识及其内容具有明显的影响。现在这一点也已大白于天下，为众人所周知了，但是人们没有由此得出任何实际的结论，因此我们依然像过去那样思考和行动，似乎我们只具有意识与无意识这二者之一，而不是两者同时兼备，似乎我们头脑简单，没有考虑更复杂的事实。由此，我们还把自己想象成为纯洁无害、理智明达、仁爱慈善的人。我们从不怀疑自己的动机，也从不扪心自问一下：我们内心对我们在外部世界的所作所为究竟作何设想？但是，对于无意识内容和无意识作用视而不见的观点实际上是浅薄无知、虚妄伪善而不合情理的，而且在精神上也是不健康的。一个人可以认为，他的胃和心脏无足轻重，轻视或置之不顾也无妨，然而这并不能阻止他饮食过度或者负担过重，其结果就会对整个身体产生不良影响。不过我们常常认为，只要用几句话就可以克服精神错乱，就可以避免这类错乱的消极后果，因为对大多数人说来，"精神"甚至没有空气那样重要。然而，谁也否认不了这个事实：没有精神就根本没有世界，更不用说有人性化世界的存在了。其实，世界上的一切事物都有赖于人的心灵及其功能。对心理、精神和心灵的关注，再多加强调也不为过。特别是在今天，对精神领域尤其值得倍加注意。因为，每个人都承认，未来的幸福或痛苦既不是由野生动物的攻击来决定，也不是由自然灾害引发而来，更不是因为全球性的疾病和瘟疫，而是完完全全、独一无二地取决于人内心的精神变化。现在只需我们那些为数不多的几个统治者头脑里面的精神平衡发生哪怕是几乎意识不到的紊乱，这个世界都将变得战火纷纷、尸血遍地，将被抛进核放射的灾难之中。能够达到这种结局的技术手段目前在东西方已经具备，而且失去内在对立面的控制，一些有意的精打细算就可以轻而易举地付诸实践。我们从某个"领袖"的例子中，已经看到了这一点。当代人的意识依然如此顽固地依附于外界对象，以至于它总是以为只有这些对象才是唯一可靠而追责的，似乎一切决定都要根据这些外界因素制定出来。某些个人的精神状态究竟是否能够把自己从外界各种对象的束缚中解放出来呢？关于这个问题，我们探索得远远不够，尽管这种非理性的情况我们每天都可以看到，而且时时刻刻都会发生在我们每个人身上。

在我们的世界里，意识的绝望主要应该归咎于本能的丧失。之所以造成这种情况，原因在于，人类的精神发展在今天大大超过了过去任何一个时代。人类征服自然的力量越大，他头脑里的知识和技术就越多，他对那些仅仅是自然的和偶然的事物，对那些由非理性因素所产生的现象——包括那些与意识无关的客观精神——的轻蔑心理也就越深重。和头脑中的主观主义相对比，无意识是客观的，它主要是以彼此矛盾的感觉、幻想、情绪冲动和梦幻的形式来表现自己，而在所有这些形式中，无一是自生的存在，它们个个都是客观产生的。甚至在今天，就其主体部分而言，心理学仍然是研究意识性内容的科学，它尽可能地用一种集体共有的标准为手段来衡量一切精神现象。于是，个人的精神就变成了一种偶发的随机现象，而无意识（只能在真实的、"非理性给定"的人之中展现自身）则完全被人们忽视了。其实，这并不是粗心大意或缺乏知识使然，而是由于除自我以外完全拒绝承认可能还有另一个精神权威存在。对于其统治力量可能受到怀疑的自我来说，这似乎是一种富有积极意义的威胁。另外，信仰宗教的人习惯于认为，在他的家中他并不是唯一的主人，他相信，最终作出决定的是上帝而不是他自己。然而，我们中间有多少人敢于让上帝的意志来决定自己的一切呢？而且如果他不得不承认他的决定与上帝的决定大相径庭的话，我们中间又有谁不会感到难堪呢？

由此我们可以肯定，宗教信仰者的言行举止直接受到产生于无意识的那种心理反应的影响。一般而言，这种情况，我们可以把它视为良心运作。但是由于同一精神背景只能产生心理反应而不会产生伦理道德，所以宗教信仰者便用传统的伦理标准，因而也是用集体价值来衡量自己的良心。在这方面，教会努力地给他以孜孜不倦的支持。只要个人能够坚守他的传统信仰，只要他所处的时代环境不是那么执着、那么强烈地强调个人自主，他也就对形势心满意足了。然而正如今天的情况所呈现的那样，现在有许多人的追求和发展取向已经被各种外部因素所左右，并且已经丧失了自己的宗教信仰，当这些心怀尘世之念、眼光短浅、俗不可耐的人大批涌现时，人们所处的形势就会发生急剧的变化。这时，宗教信仰者被迫采取防卫姿态，而且站在自己信仰立场上向自己频频发问。这时，宗教信仰者的存在不再能够获得所谓"一致同意"所具有的那种巨大暗示力量的支持，反倒会使他痛心疾首地发现，教堂正在一天天衰落下去，而教会的各种独断的隐说也显得日暮途穷、难以立足了。于是，为了与这种形势相抗衡，教会便会推出更多的信仰，似乎这一恩赐的礼物可以获得人们那善良愿望和兴趣的支持。不过，宗教信仰的基础根本不是意识，而是自发的、本能的宗教经验，而这种经验能够在个人信仰和上帝之间建立起直接的联系。

这里我们必然要问：我真的有宗教经验吗？我和上帝之间建立直接关系了吗？如果有的话，它肯定能够使得作为个人的我不至于泯灭在群众的汪洋大海里吗？

第六章

自我的知识

对于自我的知识这个问题，只有当人愿意严格地省察自己并确实了解自己的时候，他才能获得肯定的解答。而且，倘若他能够循着自己的这种愿望前行，那么他不但可以发现某些关系到自己的重要真理，还可以得到一种心理优势，即是说，他将会毫不犹豫地相信自己值得被给予认真的注意、同情和关心。于是，他便开始——事实也正是如此——表明自己做人的尊严，并且首先着手探索他的意识的基础，即探究无意识的奥秘，而在这里，无意识成为宗教经验得以产生的唯一源泉。我们这样分析，当然不是说，我们所谓的无意识可以与上帝相提并论、等量齐观，也不是说我们使无意识占据了上帝的位置。而是说，无意识是宗教经验得以发源、变化和流传的精神媒介。至于这种宗教经验探究的深层原因究竟是什么，对这个问题的回答已经超越了人类的知识范围。这是因为，关于上帝的知识具有超验的性质。

在回答宗教基础——这个问题如同某种恐怖那样在我们的时代上空悬而未决——这一严肃而关键的问题之时，宗教信仰者拥有一个巨大的优势，即他清楚地知道他的主观存在方式是建立在自己与"上帝"的关系之上的。这里，我之所以要给"上帝"这个词加引号，是为了说明我们现在讨论的是一个神人合一的概念，这个概念的动力机制和象征意义都被无知识的媒介过滤了。所以，任何想要解答宗教基础问题的人，不论这个人是否相信上帝，至少都要接近并观察这种经验。假如没有这一条途径，那就只能在十分鲜见的情况之下，我们才能亲历、目睹宗教中的那些奇迹般的转变，而在《圣经》故事中，保罗在大马士革的经历是所有这些转变的范例。至此，宗教经验确实存在这个事实就无须再作证实和说明了。然而，被形而上学和神学称之为上帝和偶像的那种事物，是否就是宗教经验的真实基础呢？关于这个问题，我们将永远找不到确定无疑的答案，只能在人们心中留下疑问。实际上，这个问题既毫无根据也没有任何意义和价值，而且这一问题可以通过在主观上压倒一切的经验的超验性自我解答。人一旦获得了这种经验的超验性就立刻为它所吸引并占有，因此也就不再可能会沉湎于那些毫无结果的形而上学思考或认识论思考之中了。这是因为，绝对肯定的东西自有其证据，无需对它作神人同一的证明。

现在，人们对心理学有一种普遍的无知和偏见，鉴于这种无知和偏见的存在，我们应当考虑到这样一种灾难性的观念，即具有个体存在意义的经验似乎应当在一种肯定能够说明每个人偏见的媒介中找到自己的根源。现在我们又一次听到这种疑问："耶稣的故乡拿撒勒（Nazareth）能出产什么好东西呢？"倘若我们不把无意识直截了当地看作意识头脑底层的一个垃圾箱，那么无论从任何意义上讲，无意识都可能具有"纯粹的动物本质"。不过，在现实生活中，若要给无意识下个定义，确定它的范围和结构，显然是非常不可能的。因此，对无意识，不论是作出过誉还是过于贬低的评价，都是毫无根据的，而且这样的评价也将只会被当作偏见而被人们抛弃。既然上帝降生在一个猪狗牛羊等家畜满圈的马厩里，降生在一片杂草之上，那么无论如何，上述判断和评价在基督徒们听起来都是稀奇古怪、令人不快的。但是，如果我们说耶稣降生在一座宫殿中，这可能会更符合大多数信徒的意愿。与这个例子的道理完全相同，具有满脑子尘世之见的普通大众，总是在群众大会上寻找这种超自然的经验，因为这种集会能够提供一种肯定比个人灵魂更加强大有力的背景。甚至连教堂中的那些基督徒们，也具有这种有害的妄想。

心理学坚持认为，无意识过程对宗教经验具有极其重要的意义，但对于这种观点，无论是政治右派还是政治左派都极为反感。不过，两方的态度之间却存在着天壤之别。右派认为，在宗教经验中起决定作用的是外界环境赋予人的历史性启示；而左派则认为这完全是无稽之谈，对他们来说，人根本没有任何宗教功能，当人们突然需要最强烈的信仰要求时，他们才可能有所信仰，而这时只能信奉那些政党纲领之类的信条。这种差异悬殊的情况发展到极端，各种不同的信念便应运而生，纷纷起来声明一些大相径庭的内容，而其中的每一种信念都声称自己拥有绝对真理。这些观念显然十分偏狭，因为我们今天生活在一个紧密相连、浑然一体、交通通信发达的世界里，在这里，人们之间的距离不再以周或月来计量，而是用小时来计量。在民族志博物馆里，异国来客不再是稀奇古怪的西洋景了，他们已经成了我们的邻居，而且昨日还曾经只能为民族志学家所了解、研究和专有的领域，今天也成了常识性的政治问题、社会问题和心理学问题。与此同时，意识形态领域也已开始彼此接触和相互渗透。因而，在这个问题、这一领域中，不同立场观点和方法之间互相理解问题上的尖锐化、剧烈化的时刻一定已为期不远了。因为如果不能深入理解别人的观点，那么要想明确表达自己的观点并让别人理解，肯定是不可能的。所以，为达到互相理解所需要的眼光，将会在东西方都得到各自的反响。现在，有些人视抵抗上述那些不可阻挡的历史潮流为上帝赋予自己的使命，不管这种立场和观点——坚守我们自己传统中那些基本的、优良的成分——从心理学上看是如何符合人的意愿、如何必要，历史终将如大浪淘沙，必然抛弃这些保守主义者，尽管人类之间还存在着这样那样的差别，但是，人类走向联合毕竟如大江东去势不可挡。

对心理因素的作用过于忽视或评价过低，往往会遭到痛苦的报复。因此，在这个问题上，现在应该是我们超越自己的时候了。就目前情况而言，这肯定还只是一种虔诚的愿望。因为和其他心理因素一样不受世人欢迎的有关自我的知识（自知）似乎还是一种令人不快的理想主义目标，是伦理道德的腐朽之气，而且自知还被心理学中的阴影纠缠得无法脱身，所以一有可能，它就被堂而皇之地否定了，或者至少没有人谈论它。要完成时代赋予我们的任务，必须面临一个实实在在、几乎无法克服的困难。而这个任务对我们的责任提出了极高的要求，因而它只能由那些可以指引方向、具有远见卓识的人来完成，因为这些人具有理解世界形势所必需的智力和能力。人们或许希望他们诉诸良心。但不幸的是，由于这个问题的解决不仅涉及智力理解，而且牵扯到道德结论，所以我们没有任何理由对此持乐观态度。大家知道，大自然的恩赐从来都不是那么慷慨大方的，她既没有赋予我们高度的智慧，也没有赋予我们柔爱的心肠。一般来说，如果此一方很充足，那么彼一方就不尽如人意了。如果某种能力能够在人类之中得到尽善尽美的发展，那么这也是以牺牲其他方面能力的发挥为前提的。智力与情感之间的矛盾——在绝大多数情况下，两者往往互相掣肘——是人类精神史上特别痛苦的一页。

把我们的时代强加在我们头上的任务说成是一种道德要求，是毫无任何意义的。我们最好是把心理世界的情况阐述明白，用语言和概念把心理世界的状况表达清楚，以至于一个眼睛近视的人都能够一目了然，听觉困难的人都能耳有所闻、心有所悟。我们可以寄希望于那些通情达理之人和心地善良之士，而且我们因此绝不能厌烦反复地向人们解释那些必须解释的思想和观点。到了最后，不仅只是那些众所周知的谎言可以肆意流传，而且真理也能够得到广泛的传播。

说了这些话之后，我很想让读者注意到他不得不面临的重大困难。独裁国家最近给人类造成的恐怖比我们祖先在过去年代里令人类自身感到内疚的所有残暴行径的总和，都有过之而无不及。在整个欧洲史上，在所有基督教民族之间曾经经常发生各种暴虐事件，也经历过数次血流成河的战争，除此之外，欧洲人还应该对他们在殖民化过程中对黑人所犯的全部罪行负责，为此，他们应受到报应。在此方面，白人的确是血债累累。它给我们展现出了人类共同的黑暗得不能再黑暗的阴暗面。在人们内心中暴露出来的，而且毫无疑问现在仍然栖身于人心之中的那种邪恶，其比重如此之大，以致教会奢谈原罪，并把这种原罪追溯到亚当与夏娃那天真无辜的过失上，在很大程度上也仍然是一种美丽的谎言。实际的情况远比教会所说的要严重得多，而且总体看来，现在我们对这种情况的估量、了解和判断还远远不够。

由于人们普遍地相信，人仅仅是一种具有自觉意识的动物，因此他们就认为自己是没有恶意的、于人无害的，这实在是在罪恶之上又增加了一层愚蠢。虽然他们并不否定令人害怕的事情在今天业已发生，而且仍然在继续发生，他们却认为这些事情是"别人"所为，与自己毫无关系。而且，倘若这些可怕的事情发生在最近或者发生在遥远的过去，他们立刻就会，而且也很容易会沉入忘川之水，这时那种头脑愚蠢、精神错乱的慢性病症就会重新发作，而对此我们却称之为"正常状态"。与此形成令人震惊的对照的事实是，最后什么问题也没有消失，什么事情也没有得到改良。只要我们不是瞎子，只要我们还能有知觉，魔鬼、罪恶、极度的良心不安和难解的忧虑不安便会呈现在我们眼前。所有这些事情都是人造成的，比如就我而言，我也是个人，也有人的本性，因而别人犯了罪，我也会感到愧疚，也承担着这些难以逃脱的责任，而且与所有的人具有的能力和动机一样，我也有可能在某个适当的时候把那些罪行重演一遍。因此从法律上讲，即使我们不是协从犯，但由于我们人类的共同本性，我们也永远是潜在的罪犯。实际上，我们只是缺少被卷入那种凶恶混战的合适时机而已。否则我们就成了现实的罪犯了。我们当中没有任何人能够逃脱人类的集体黑暗阴影的影响。不管这种罪恶可以追溯到数代人以前还是发生在今天，它都是人类某种气质的表现，这种气质在任何时候、任何地方都存在。可以说，人类很可能具有某种"罪恶意象"，因为只有傻瓜才能够永久性地忽视他自己的本质存在的条件。其实，这种忽视还是使个人自己成为罪恶工具的最佳手段。而对人无害和天真纯洁的作用，就如同它们对霍乱病人及其周围的其他人一样，是毫无裨益的，因为他们对病症的传染性毫无知觉。与此相反，对人无害和天真纯洁还往往使人们把这种未被人意识到的罪恶推置于"别人"身上。这样一来，它却有效地增强了自己对手的努力，因为推诿本身就意味着害怕，所以我们便在不知不觉中悄悄地在别人身上感觉到我们自己的罪恶，从而明显增强了别人对我们的威胁，并使这种威胁更恐怖。更糟糕的是，我们自身洞察力的缺乏更使我们丧失了对付罪恶的能力。我们在这里碰到基督教传统中的一个主要偏见，而这一偏见一直对我们政策的执行形成严重障碍。这种偏见告诉我们，我们应当避开罪恶，而且如果可能的话，既不要接触罪恶，也不要谈及罪恶，因为罪恶也是一种不好的预兆，人们都忌讳它、害怕它。对罪恶的这种态度，与显然对它绕道而走的回避态度一样，都是一味地奉承我们灵魂深处的那种对罪恶视而不见的原始倾向，或者被赶到此一处，或者被赶到彼一处，这就如《旧约》里的替罪羊一样，人们设想，如此就能把罪恶带到远离人类的荒凉大漠中去。

在人类尚未作出选择的情况下，邪恶自然就已经栖身于人的本性之中了。如果我们现在并不回避这种认识的话，那么就等于跨越了一个既与善对等、又与善相匹敌的心理阶段。在现实生活中，这种认识还直接导致一种心理二元性，在政治领域甚至在当代人自身那更难以发觉的分裂中，这种心理二元性已经事先无意识地形成了。这种情况，并不是说上述认识产生了心理二元性，而是说我们刚开启了一个能够产生二元性的分裂过程。倘若把如此严重的罪恶归咎于我们个人身上，那将是令人难以忍受的，因而我们总喜欢把这种罪恶强加到个别犯罪团伙的头上去，而把自己说成是双手干干净净、心灵纯洁无辜，还进一步否认人性中邪恶倾向的普遍存在。从长远的观点来考虑，这种假装神圣的做法不会有长久的生命力，因为经验表明，邪恶存在于人的内心世界之中，除非人们能够遵循基督教的观点去构想出一个有关罪恶的形而上学的原则来。这种宗教观点的一个很大的优点，就是它在人的良心之上赦免了一种难以负担的责任感，并把这些己所不欲的重负抛弃给魔鬼。用恰切的心理学理论来说，与其说人是造物主的牺牲品，毋宁说人是自身的精神构造的牺牲品。考虑到我们时代的罪恶把已经令人类痛苦不堪的一切事情发展到了最为黑暗的程度，人们应该扪心自问：既然我们在坚持正义和公平方面取得了那么大的进步，既然我们在医药和技术方面有了如此辉煌的成就，既然我们对生命和健康如此孜孜以求，各种足以轻而易举地毁灭人类的庞大的杀伤性武器到底又是怎样被发明出来的呢？

正是由于原子物理学家们的努力，我们才有了特殊的人类智慧和发明之花——氢弹。但是我们谁也不会因此而认为，这些物理学家就是一帮罪犯。发展核物理学的大量智力劳动，都是由那些辛勤耕耘本职工作的人们所奉献的。在这方面，他们付出了极大的努力和自我牺牲，而且他们的道德成就也会屡屡得到全世界的赞誉，就好像他们为人类发明了大有裨益的东西一样。但是，即便是通向某种划时代发明之路的起步，那也是某种有意识性决定的产物。与其他任何领域一样，在这里，那种天生的自发的想法——预感或直觉——也起着十分重要的作用。换言之，无意识也参与了进来，而且常常在其中作出决定性的贡献。所以说，上述科学成就的产生，并不能仅仅归因于意识，同时也应该归功于无意识。尽管难以为人所觉察，无意识目的和倾向的作用却无处不在，因而在上述发明中难辞其咎。如果无意识把某种武器放在你的手上，那么不言而喻，其目的就是想施行某种暴力。认识真理是科学的主要目标，但是，如果人们在追求光明、寻找发现的过程中坠入无限的危险里，这时在他们心中对命运的印象便会比预感更为重要。这并不是说，当代人比古代人和原始人具有更大、更多的罪恶，只不过是当代人能够用更为有效的手段把自己对罪恶的偏爱变成现实。所以，随着当代人的意识日益扩展和分化，他的道德本性却一直落伍于意识的发展和变化。这是今天摆在我们面前的一个重大问题。可以说，对人类而言，仅仅具有理性是不够的。

从理论上讲，倘若仅仅因为核裂变给人们带来了极大的危险，那么我们在理性力量的作用下，就应该停止诸如核裂变这样地狱般罪恶的实验。然而，人们对罪恶的担心和恐惧——这种担心和恐惧虽然在自己心中没有呈现出来，却常常在别人心中看到——时时刻刻控制着自己的理性，尽管他们知道核武器的使用意味着我们现在的人类世界注定要走向灭亡。对宇宙毁灭的担忧当然可以使我们免遭最艰难的厄运，但是，只要在世界性的精神分裂和政治分裂之间找不到一座桥梁——这座桥梁是肯定存在的，就像氢弹的存在一样肯定——来解救人类，那么宇宙毁灭的可能性就会仍然像一团黑云那样永远笼罩在我们头上。如果全世界能够意识到所有的分裂和所有的敌对情绪都是由于精神世界中两个对立面的分裂所造成，那么人们就会真正明白自己应该向什么方向努力了。但是，如果在个人心灵方面哪怕是最小、最个性化的烦乱——它本身太不重要了——迄今仍未被人们发觉、仍未被人们认识，那么这些烦乱就会继续积累，并且造成团伙的积聚和群众运动，而这些团伙和运动又是难以得到合理地控制、难以取得良好效果的。在这种情况下，个人的任何努力都无异于和自己的影子打架，而被幻觉搞得头昏脑涨的只能是那些勇士们自己。

在这里，起决定性作用的因素是个人，是对自己的二元性无可奈何的个人。当人们洋洋自得地相信独一无二的上帝按照自己的形象把人塑造成一个小小的个体，并且怀着这种信仰生活了若干个世纪之后，伴随着最近世界历史上的那些著名事件，这个深渊就突然在他们面前裂开了。即使在今天，在很大程度上人们还没有意识到，每一个个人都是形形色色的国际组织结构中的一个细胞，因而在这些组织的冲突中起着十分巨大的作用。个体的人知道，作为一个个体存在，他或多或少地总是微不足道的，同时他还感到自己是各种无法控制的力量的牺牲品；但是另外，他在自己的灵魂深处却隐藏着一种十分危险的阴影和对立面，在政治魔鬼的黑色计划中，这个对立面充当着隐形帮凶的角色。正如个人总是想通过把自己不知道和不想知道的东西偷偷地置于别人身上、从而抛弃掉这些东西的道理一样，政治团伙的本质就是在对方身上看到罪恶。

没有任何东西像这种道德上的骄傲自满和责任心的丧失那样能够对社会产生更大的分裂作用和疏远作用了，而且也没有任何东西能够像放弃阴谋那样促进对立双方之间的理解与和睦了。这种告别阴谋伎俩的方法是一种必要的纠正方法。要达到这样的目标就必须作好自我批评，因为一个人不能只是让别人不要再搞阴谋，却不能严于律己。自己不知道这些阴谋到底是什么，更不知道自己究竟是什么了。从一种广义的既了解我们自己、也了解别人的心理学知识来讲，只有当我们在思想上准备好去怀疑我们观念的绝对正确性，并且仔细认真、老老实实地把这些观念和客观事实进行比较之时，我们才能认识我们的偏见和谬想。非常可笑的是，尽管在某些国家里，"自我批评"是一个非常时髦的概念，但是这一概念却常常屈服于各种意识形态方面的考虑，屈从于国家意志，而不是屈从于人与人交往过程中的真理和正义。集体化的国家根本不打算促进人与人之间的互相了解，也不打算密切人与人之间的社会关系。与此相反，它拼命地挑拨离间，拼命地隔离个人之间的精神联系。其原因十分显然：个人之间的联系越缺乏，国家就越牢固，反之亦然。

毫无疑问，在民主政体中，人与人之间的距离非常遥远，以至于它对我们的公共福利和我们的精神需要鲜有裨益。诚然，通过呼吁人们的理想主义、心灵激情和道德良知，社会现在正在进行各种尝试，企图消除极其严重的社会差别。然而，别具特色的是，人们却忘记了付诸必要的自我批评来回答下列问题：究竟是谁在提出这种理想主义要求？为了投身于那种能够让自己受人欢迎的理想主义程序之中，是不是有人想超越自己的阴影呢？用理想主义这种富有欺骗性的外表包藏一个与之完全不同的、暗无天日的内心世界，其中到底有多少值得尊敬的东西，又有多少明显的道德良知呢？现在，人们喜欢首先得到这样的保证：把理想说得天花乱坠的人，其本身就应当是理想化的，因而，与他们本人相比，他们的言行举止比他们自身看上去的要更有说服力。其实，要成就理想主义的目标只是一种痴心妄想而已，所以，这种幻想仍然是个尚未实现的奢望。由于我们在这方面一直有非常敏锐的嗅觉，绝大部分在我们面前进行宣传夸耀的那些理想主义听起来都非常空洞无物，而且只有当它们的对立面为社会所公开地承认之后，才能够使人们接受这些理想主义。倘若没有对立面的平衡作用，那么理想就会超越我们人的能力范围，并且因其正经呆板、毫无幽默感而成为一种不可思议的东西。其结果是，尽管这种理想用意良好，却沦为欺骗。众所周知，欺骗是利用不正当的手段压制别人和迫害别人的方法，而骗局是不会有任何好下场的。

另外，承认阴影的存在，也将导致一种谦虚谨慎的态度。这对于我们认识自己的缺陷和不足是十分必要的。不管在什么地方，只要建立起了人与人的关系，就需要这种自觉的认识和态度。人类关系得以形成的基础，并不是人的分化和人的完善，因为若这两种概念仅仅强调差异，则只能引起进一步的对立。与此恰恰相反，人类关系是以不完善性、以脆弱无助和需要支持等人性的缺点——这是一切依赖性的理由和动机——为基础的。"完善"本身根本不要求任何帮助，然而脆弱和缺陷却渴望寻求支持与帮助，而且它也绝不会利用任何可能会使自己处于不利地位、甚至使自己感到羞辱的东西来与自己的对立面相对抗。在那些理想主义所起的作用过于彰明较著的地方，就很容易出现这种羞辱感。

我们的这些思考绝不能被认为是毫无必要的多愁善感。恰恰相反，由于普遍的不信任感现在正威胁着人与人之间的关系，所以如若从那些被圈进一个狭小范围之内的普通人的个体化的角度来看，人际关系问题以及我们当代社会的内部团结问题便显得极为迫切了。我们可以看到，凡是正义动摇不定，而警察、密探比比皆是，恐怖分子四处活动的地方，人际关系都会产生隔阂，这当然是独裁国家的目标和目的所在。因为独裁国家的基础就是，已经丧失了原动力的社会因素的尽可能大的积累。为了对抗这种危险，自由社会就需要一种具有情结感染性质的纽带，一种规范情感基础的原则，如基督徒对其邻人的爱。然而，正是这种对自己邻居和同胞的爱，由于权谋所产生的理解缺乏而备受痛苦和磨难。因此，从心理学的观点出发，如果自由社会能够多少考虑一下人际关系问题，那么这对整个社会来说都是大有裨益的，这是因为，在人际关系中存在着真正的统一，存在着真正的力量。不管在什么地方，如果没有爱，权力就会自然滋生，暴力和恐怖也会接踵而来。

我们作这些思考，不是为了迎合理想主义，而仅仅是为了提高人们对心理情境诸方面问题的自觉意识。我不知道在理想主义和公众的洞察力这二者之间，哪一方更为脆弱。我只知道，为了产生持久的精神变化，需要的是时间。在我看来，慢慢降临到我们心灵之中的洞察力似乎比完美的理想主义具有更为持久的力量和长远的效果，而这种理想主义的命运不可能长久地继续存在。

第七章

关于自我知识的意义

我们时代所认可的所谓人类精神中的"阴影"部分和劣势部分所包含着的内容，远远超出了那些单纯的消极因素。通过自我的知识或者自知，即通过探索我们自己的心灵，我们就会发现人的本能及其意象世界。这一事实肯定能够使我们明察在我们精神世界中处于冬眠状态的各种力量。由于一切都进行得十分正常，我们对这些力量一般了解甚少。这些力量是精神机制的源泉。而它们以及与其相联系的形象和概念究竟是向建设方向还是向破坏方向发展，则完全取决于有意识心理是否准备完备和有意识心理的基本态度。大概只有心理学家才能够通过经验事实了解到，当代人的精神准备是多么地靠不住，因为只有他才知道，他自己不得不在人的本质中找寻出那些一次又一次地使个人在黑暗与危难中摸索正确道路的力量和思想。为了完成这项严肃的任务，心理学家必须具有最大的耐心，也就是说，他不能依靠任何传统的"应当"和"必须"，不能让别人付出艰辛努力，而自己却满足于只是轻描淡写地扮演一个建议者和忠告者的角色。每一个人都知道祈祷那些值得向往的事情是徒劳无益的，然而在此情况下，人们通常表现出的无能无助又是如此严重，人们的需要又是如此急迫，以至于他们总是宁愿重犯以前的错误，也很少开动脑筋去思考一些主观方面的问题。除此之外，这也常常是仅仅涉及单个人的问题，而不是涉及千百万人的问题。而在这里，尽管人们非常清楚地知道，除非个人发生变化，否则什么事情也不会发生，但是困窘中的人也将会在表面现象上产生感人至深的情感效果。

在所有个人身上产生的效果，人们都希望看到它的实现，然而这种效果在几百年之内可能不会发生，因为人类精神的转变往往要经过几个世纪的漫长岁月，而且任何理性思考过程既不能加快它的实现，也不能令其停滞不前，更不用说在一代人之中产生什么效果了。不过就我们看得见、摸得着的许多个人的变化来说，相关的人们有机会，或者有能力创造机会，在他们所熟悉的小圈子里影响那些和他们有相似观点和心理的人。我们这里所做的，并不是劝服与说教的工作，与之相反，我在思考这个众所周知的事实：能够洞察自己的行动，因而找到了通往无意识之路的任何一个人，都在不自觉地对他周围的环境施加某种影响。随着他的意识的发展、深入与拓宽，他也常常产生出一种原始人称之为"威望"的效果。这是一种对别人无意识心理的不知不觉的影响，是一种无意识的威望。只要不受有意识动机的干扰，这种威望的影响作用将会永远持续下去。

对自知的追求也丝毫不缺乏获得成功前景的鼓动，因为这里存在着一种因素，虽然这种因素完全被人们忽视了，它却往往出其不意地满足我们的期待。这种因素就是无意识的时代精神（Zeitgeist），它能够与有意识的态度取长补短，并且可以预言即将发生的变化。在这方面有一个极好的例子，那就是当代艺术，尽管当代艺术涉及的是美学问题，但是实际上，它通过打破和摧毁公众眼里过去那种关于何谓形式美、何谓内在意义的美学观点，从而正在公众之中开展了一种心理学教育。于是，艺术作品中的魅力就被对主观性质最为突出的冷冰冰的抽象所代替了，而这种冷冰冰的抽象粗暴地关闭了天真无邪而富于罗曼蒂克意韵的感官欣赏大门，也窒息了人类对艺术对象的责无旁贷的热爱。用简单而大众化的语言来说，这等于告诉我们，艺术的预言精神已经告别了陈旧的客观关系，而开始向主观主义的黑色混乱发展。至少，目前的情况是如此。就我们目前能作出的判断来看，艺术肯定还没有在这种黑暗中发现到底是什么力量把所有的人凝聚在一起，它也不能对这些人的精神整体作出合理的解释。为了达到这一目的，需要进行更深入的思考，而这种发现可能要留待其他学科去努力完成了。

直至今日，伟大的艺术品总是从神话里、从无意识的象征化过程中汲取营养，从而产生惊世骇俗之作。这种象征化过程已经延续了许多时代，但是作为人类精神的原始表现形式，它还将继续成为我们未来一切艺术创作的基础。当代艺术的发展日益呈现出一种分化瓦解的虚无主义倾向，我们必须把这种发展理解为世界毁灭与世界新生情绪的一种征兆和象征。而且这种情绪在我们的时代已经体现了出来，所以无论在什么地方，人们都可以从政治方面、社会方面和哲学方面感觉到它的蔓延滋生。我们正生活在一个被希腊人称为"凯若斯"（kairos，关键时刻）的时期。

这正是一个发生"众神变型"的关头，也就是说，那些最根本的原则和信条发生了变型。我们时代的这种特殊性绝不是我们意识选择的结果，而是存在于我们内心世界中的那个变动不居的无意识个人的一种表现。如果人类不想用他自己创造的技术手段和科学力量来毁灭自己，那么未来的几代人将不得不对这种意义重大的划时代转变进行认真的思考。

和基督教纪元时代开端之日的情况一样，我们今天也面临着道德败坏这个问题，也就是说，我们的道德观念已经远远落在了当代科学、技术和社会发展的后面。现在的形势太危险了，人们心理上承受的问题也太多了。在这种生死攸关的危急时刻，最急迫的需要、最可信赖的东西就是现代人心理的塑造。现代人抵制得住用自己的权力来发动世界大战的那种诱惑吗？他知道他自己正在走的是一条什么道路吗？他明白从当前的世界形势和他自己的精神状态之中应该得出什么样的结论吗？他清楚他就要丢掉基督教为他珍藏下来的生命永恒的那个神话吗？他意识到了那场潜伏在黑暗角落里的灾难时刻都会落到自己身上吗？进一步我们要问：他究竟能不能看到，这一场灾难即将发生呢？最后，他知道只有个人才是决定天平斜倾的砝码吗?

幸福和满足，灵魂的均衡和生命的意义，这一切只能由个人而不是由国家之类的事物来体验。就国家而言，一方面充其量是许多独立个人的集合；另一方面，它却要反过来麻木和压抑个人。精神分析学家最能了解人类心灵幸福的条件和因素，他们知道，这种心灵幸福在很大程度上依赖于各种社会因素的综合作用。在这里，一个时代的社会背景以及政治环境当然是相当重要的，但人们无限地、过高地估计了它们对个人幸福和个人痛苦的意义，以至于把它们当成了唯一的决定因素。在这一方面，我们所有的社会目标都忽视了个人心理的存在，而这些社会目标正是为个人心理设置的，同时，更为经常发生的是，这些社会目标也助长了个人幻觉的滋生蔓延。

因此我希望，一个精神分析学家，在漫长的职业生涯里把自己的全部心血奉献给精神失序的因果关系研究，把他对社会和个人心灵的真知灼见，把他对于由今日世界形势产生的各种问题的看法，作为一个个人的全部心智的结晶，都中肯地表达出来，能够得到全社会的许可。我如此希望，既不是出于极端乐观主义的鞭策，也不是出于对崇高理想的那种热爱的驱使，我只不过是对人类的个人命运感到担忧。这是因为，个人正是我们这个世界赖以存在的无限小的单元，而且，如果我们准确无误地解读了基督教神谕的含义，那么就可以说，甚至连上帝也在个人身上寻求着自己的目标。

附　录

荣格年表

1875   7月26日，出生于瑞士的凯斯威尔（Kesswil）。
       父亲名叫约翰·保尔·亚希莱斯·荣格（Johann
       Paul Achilles Jung），是一名新教职业牧师。母亲
       名叫埃米莉·普莱斯维克（Emilie Preiswerk）。

1879   全家移居到巴塞尔近郊的克莱因·胡宁更
       （Kleinhüningen）。

1884   妹妹约翰娜·格特鲁德（Johanna Gertrud）出生，
       她长大后长期担任荣格的秘书。

1886   进入巴塞尔的一所高中学习。

1887   患精神分裂症。

1895   进入巴塞尔大学（Universität Basel）学习。
       参加表妹海丽·普莱斯维克（Helly Preiswerk）的

招魂演示会，后以她为博士论文的研究对象。

1896 父亲去世。

1898 开始研究神秘现象。

1900 毕业于巴塞尔大学，获得医学博士学位。

开始在苏黎世的任伯果尔兹利（Burghölzli）精神病院工作，担任著名精神病医生欧根·布洛伊勒（Eugen Bleuler）教授的助理。

1902 在苏黎世大学（Universität Zürich）获得博士学位，完成博士论文《论所谓神秘现象的心理学和病理学》（*Zur Psychologie und Pathologie sogenannter occulter Phanomene*）。

在法国巴黎萨尔培特里尔医院（Hêpital de la Salpêtrière）跟随皮埃尔·雅内（Pierre Janet）学习（至1903年）。

1903 与艾玛·劳森伯格（Emma Rauschenbach）结婚，婚后育有一男四女。

开始词汇联想（word associations）研究（至1905年），后通过这一研究提出了他关于"情结"（complex）的心理学理论。

1904 开始参与由布洛伊勒主持的关于早发性痴呆症

（后改为精神分裂症）的实验计划（至 1905 年）。

1905　任苏黎世大学精神病学民间讲师（至 1913 年）。

1906　阅读了西格蒙德·弗洛伊德（Sigmund Freud）的论文，并与其展开书信往来。

1907　初次会见弗洛伊德，两人交谈了近 13 个小时。

发表论文《早发性痴呆症心理学》("Über die Psychologie der Dementia Praecox")

1908　参加在维也纳举行的第一届国际精神分析学会议。

被任命为新成立的《心理分析和精神病理学研究年鉴》(Yearbook for Psychoanalytical and Psychopathological Research) 的编辑委员。

1909　从任伯果尔兹利精神病院辞职，在苏黎世附近的库斯那赫特（Küsnacht）开办私人诊所，开始精神分析实践。

与弗洛伊德、精神分析学家桑多·费伦奇（Sándor Ferenczi）一起赴美国克拉克大学（Clark University）举办客座演讲，被授予克拉克大学荣誉博士头衔。

1910　参加在纽伦堡举行的第二届国际精神分析学会议，担任国际精神分析学会主席（至 1914 年）。

1912　受梦的召唤，开始转向内心的觉醒。

公开驳斥弗洛伊德的性本能学说，宣布自己在研究上独立于弗洛伊德。

在美国福特汉姆大学（Fordham University）举办为期六周的系列讲座，为表彰他对词汇联想的研究，该校授予他荣誉博士头衔。

出版《力比多的变形与象征》（*Wandlungen und Symbole der Libido*），该书于1952年修订、再版，并更名为《转变的象征》（*Symbole der Wundlung*）。

出版《心理学的新路》（*Neue Bahnen der Psychologie*）。

1913　与弗洛伊德和精神分析学派决裂，称自己的心理学为"分析心理学"。

陷入与精神危机和无意识的痛苦对抗当中（至1919年）。

开始研究无意识的意象。

开始创作《黑书》（*The Black Books*），至1932年，该书记录了他"与无意识对抗"的独特自我体验。

1914　做噩梦预感到第一次世界大战爆发。

开始创作《红书》（*Liber Novus*），至1930年，内容为他对梦境场景、人物、事件的追忆，以及对幻觉图案的分析。

1915   开始研究神话和梦。

1916   创办苏黎世心理学俱乐部（the Psychology Club
        Zürich）。

        发表《无意识的结构》("La structure de l'inconscient"),
        文中首次使用了集体无意识（collective unconscious）、
        阿尼玛（anima）、阿尼姆斯（animus）、自我（self）、
        个性化（individuation）等概念。

1917   出版《无意识过程的心理》(Die Psychologie der
        unbewussten Prozesse)。

        在代堡（Château d'Oex）担任英军的战俘监管
        上校。

1918   开始研究西方古代的诺斯替教（Gnosticism）。

1919   发表《本能与无意识》("Instinct and the Unconscious"),
        文中首次使用了"原型"（archetype）概念。

1920   赴非洲的突尼斯、阿尔及利亚考察。

1921   出版《心理类型》(Psychologische Typen)。

1922   在苏黎世湖南岸的伯林根（Bollingen）购置地产。

1923   母亲去世。

        开始在伯林根建造塔楼。

1924   赴美国普韦布洛（Pueblo）印第安人的居住地，考

察当地印第安人的心理、宗教与风俗习惯。

1925 访问伦敦。

在苏黎世开办第一届研讨班，招收的学员来自世界各地，研讨使用语言为英语。

赴非洲考察，途经肯尼亚和乌干达等地，与当地原住民对话，增进对"原始心理学"的理解。

1928 与卫礼贤（Richard Wilhelm）一起翻译中国古代典籍，开始研究中国古代炼金术和曼荼罗象征。

1929 对卫礼贤《金花的秘密》（*The Secret of the Golden Flower*）作注解。

1930 在苏黎世心理学俱乐部开设关于"幻想解释"的研讨班（至1934年）。

担任心理治疗一般医师协会的副会长。

1932 获得苏黎世城特别文学奖。

1933 出版文集《寻求灵魂的现代人》（*Modern Man in Search of a Soul*）。

出席第一次埃拉诺斯会议（The Eranos Conference），发表题为《个性化过程的经验》（*On the Empirical Knowledge of the Individuation Process*）的报告。

1934 出版《灵魂的现实》（*Wirklichkeit der Seele*）。

在苏黎世心理学俱乐部开设研读尼采的《查拉图斯特拉如是说》的研讨班（至 1939 年）。

在日内瓦创办国际心理治疗医学会，并出任主席（至 1939 年）。

出席第二次埃拉诺斯会议，作题为《集体无意识的原型》(The Archetypes of the Collective Unconscious) 的报告。

1935 重新开始大学教学生涯，在苏黎世联邦理工大学 (Eidgenössische Technische Hochschule Zürich) 担任心理学教授（至 1942 年）。

出席第三次埃拉诺斯会议，作题为《个性化过程的梦象征》(Dream Symbols of the Individuation Process) 的报告。

在伦敦的塔维斯托克诊所（Tavistock Clinic）举办关于"分析心理学"的讲座。

1936 在妻子的陪同下访问美国，在哈佛大学（Harvard University）发表演讲，被授予该校荣誉博士头衔。

参观缅因州的贝利岛（Bailey Island）。

出席第四次埃拉诺斯会议，作题为《炼金术中的救赎表象》(The Idea of Redemption in Alchemy)

的报告。

1937 在妻子的陪同下访问美国，在耶鲁大学（Yale University）举办关于"心理学与宗教"的讲座。

出席第五次埃拉诺斯会议，作题为《左西莫斯的幻象》（*The Visions of Zosimos*）的报告。

赴印度考察。

1938 被授予牛津大学（University of Oxford）荣誉博士头衔，入选英国皇家医学会成员。

访问印度，对东方文明、佛教及印度教有了更直观的认识，被授予加尔各答大学（University of Calcutta）荣誉博士头衔。

出席第六次埃拉诺斯会议，作题为《母亲原型的心理学侧面》（*Psychological Aspects of the Mother Archetype*）的报告。

1939 出席第七次埃拉诺斯会议，作题为《关于再生》（*Concerning Rebirth*）的报告。

1940 出席第八次埃拉诺斯会议，作题为《三位一体教义的心理学解释》（*A psychological approach to the dogma of the Trinity*）的报告。

1941 出席第九次埃拉诺斯会议，作题为《弥撒中的转

换 象 征 》(*Transformation Symbolism in the Mass*)
的报告。

与卡尔·克雷尼（Kárl Kerényi）合著出版了《神
话科学文集》(*Essays on a Science of Mythology*)。

1942　出席第十次埃拉诺斯会议，作题为《精灵墨丘利》
(*The spirit Mercurius*) 的报告。

1943　开始担任巴塞尔大学医学心理学教授（至 1944 年）。
入选瑞士科学院荣誉院士。

出席第十一次埃拉诺斯会议，即兴举办了一场小
型研讨会，主题是"太阳神话"(solar myths)。

1944　摔断腿，心脏病发作，之后精神状况恶化，病中
产生一系列新幻觉。

因病缺席第十二次埃拉诺斯会议。

出版《心理学与炼金术》(*Psychologie und
Alchemie*)。

1945　被授予日内瓦大学（Université de Genève）荣誉博
士头衔。

第二次世界大战结束，发表《大灾之后》("Nach
der Katastrophe")。

出席第十三次埃拉诺斯会议，作关于灵魂的心理

学的报告。

1946 出席第十四次埃拉诺斯会议，作题为《心理学的精神》(*Der Geist der Psychologie*) 的报告。

1947 隐居伯林根塔楼。

缺席第十五次埃拉诺斯会议。

1948 在苏黎世成立荣格研究所（C. G. Jung-Institut Zürich）。

出席第十六次埃拉诺斯会议，作题为《关于自我》(*Concerning the Self*) 的报告。

1949 缺席第十七次埃拉诺斯会议。

1950 将伯林根塔楼附近的一块石头雕刻成"方碑"。

缺席第十八次埃拉诺斯会议。

出版《伊雍：自性现象学研究》(*Aion: Forschungen zur Phänomenologie des Selbst*)。

1951 出席第十九次埃拉诺斯会议，作题为《关于共时性》(*On Synchronicity*) 的报告。

1952 心脏病第二次发作。

出版《回答约伯》(*Antwort auf Hiob*)。

1953 英文版全集开始出版。

修改、重写早期的论文。

1955 被授予苏黎世联邦理工大学荣誉博士头衔。

出版《结合的神秘》(*Mysterium Coniunctionis*)。

妻子艾玛去世。

1957 出版《未发现的自我》(*Gegenwart und Zukunft*, 该书英译名为 *The Undiscovered Self*)。

1958 出版《飞碟：关于天空中事物的现代神话》(*Flying Saucers: A Modern Myth of Things Seen in the Skies*)。

与秘书阿涅拉·贾菲（Aniela Jaffé）合作，撰写自传《回忆·梦·思考》(*Erinnerungen, Träume, Gedanken*)。

1959 在家中接受英国广播公司（BBC）主持人约翰·弗里曼（John Freeman）的采访，这是他人生中最后一次接受采访。

1960 德文版全集开始出版。

1961 在去世前10天完成了最后一篇文章《接近无意识》("Approaching the Unconscious")。

6月6日，在库斯那赫特的家中病逝，享年86岁。